SAUCE

法式料理的新醬汁

荒井 昇／Hommage 　　金山康弘／Hyatt Regency Hakone Resort and Spa「Berce」
高田裕介／La Cime 　　生井祐介／Ode 　　目黑浩太郎／Abysse

大境文化

前言

曾經有過，大家都認為「法式料理的醍醐味就在於醬汁」的時代。

現今，法式料理持續朝著更自由、不受侷限且多變的同時，
腦海中出現疑問「那…醬汁呢？」
會以何種形態呈現？

本書中，收錄了感受此疑問並獲得啟發，
五位法式料理人所製作出的78種醬汁，
以及將其運用烹調的料理。包括例舉如下的醬汁種類。

....

· 使用料理主要食材所製作的醬汁
· 不依賴美味而以色澤和香氣為主的醬汁
· 掌控溫度與口感變化的醬汁
· 反映出食材本身的記憶與體驗的醬汁
· 以全然嶄新方式取得的高湯

....

其中，還包含了過去法式料理從未被當作醬汁來使用的種類。
但是，如果思考其中的發想和技術，
應該就能發現這「新醬汁」與法式料理系統相關之處。

配合著料理的變化與步調，現今的醬汁確實可見其更廣泛地運用。
大家不覺得「法式料理的醍醐味就在於醬汁」的時代，又再次降臨了嗎？

目錄

第一章
蔬菜料理與醬汁

第四章
肉類料理與醬汁

閱讀本書之前

* 食譜中記載的用量，是方便製作或是容易備料的用量。

* 會因使用的食材、調味料、烹調環境使得完成的狀態各異，因此請視個人喜好地適度進行調整。

* 鮮奶油，沒有特別指定時，使用的都是乳脂肪成分38%的產品。

* 橄欖油，沒有特別指定時，會區隔加熱用的純橄欖油（pure oil）、非加熱或完成時澆淋用的特級冷壓橄欖油（extra virgin oil）。

* 奶油，使用的是無鹽奶油。

* 各品項中除醬汁之外的菜餚食譜，以及使用的高湯配方，都收錄在本書的最後頁面。

蔬菜料理與醬汁

能將季節的流轉與大自然四季的色彩
投影在餐盤上，莫過於蔬菜。
連醬汁也是色澤豐富，
並且非常適合用於增加並強調美味，及濃郁的類型。

白蘆筍／杏仁果／柳橙

柳橙風味的沙巴雍

「白蘆筍和沙巴雍醬汁」是初春最經典的變化組合。將帕瑪森起司浸泡在清澄奶油中，
使其吸收風味及濃香後，再加上柳橙汁所帶來的酸甜。完成時滴淋上橄欖油，飾以百
香果、金蓮花（Nasturtium）、杏仁果。能夠同時享受到3種柑橘組合時，多層酸味的盛
盤。（料理的食譜配方→178頁）

［材料］

清澄奶油…15cc
帕瑪森起司…適量
蛋黃…2個
白胡椒…適量
柳橙汁…30cc
檸檬汁、鹽…各適量

［製作方法］

❶ 在清澄奶油中放入帕瑪森起司浸泡一夜（Ph.1）

❷ 在缽盆中放入蛋黃、撒入白胡椒（Ph.2）。搾入柳橙汁（Ph.3），
以攪拌器混拌（Ph.4）。

❸ 將②隔水加熱，持續攪拌至混合物濃稠沈重為止（Ph.5）。

❹ 在③的缽盆與熱水間夾放布巾，持續降低溫度（Ph.6）。少量逐
次地加入①並混拌（Ph.7）。加入檸檬汁和鹽，完成（Ph.8）。

［POINT］

在清澄奶油中添加帕瑪森起司，使香氣移轉並增加濃香。

蔥／豌豆／芽蔥

蔥燒原汁

燒烤青蔥與從青蔥釋出的原汁組合。萃取原汁的青蔥，為避免燒焦地先用高溫烤箱短時
間蒸烤，萃取其釋出的水分。將這些與水再次熬煮以濃縮其風味，在開始釋出甜味時，
將水分液體榨取出來。燒烤青蔥的香氣和醬汁的甜味，再加上燙煮過的豌豆和蔥芽以添
加蔥香，烘托出春天的感受。（料理的食譜配方→178頁）

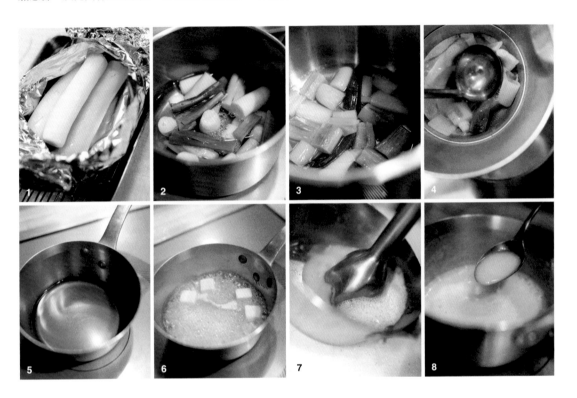

[材料]

大蔥…2根
水…適量
白酒…300cc
奶油…25g
橄欖油、鹽…各適量

[製作方法]

❶ 大蔥切成20cm長，以鋁箔紙包覆。放入300℃的烤箱中烘烤約10分鐘左右（Ph.1）。

❷ 將①的大蔥切成5cm的長度，連同鋁箔紙內的水分一起放入鍋中。加入水分至足以
　 淹蓋蔥段的程度，加熱（Ph.2）。

❸ 熬煮濃縮至②的水分幾乎收乾為止（Ph.3）。放入過濾器內按壓般地確實過濾
　 （Ph.4）。

❹ 將③和白酒一起放入鍋中加熱（Ph.5）。煮沸、酒精揮發後，加入奶油（Ph.6）。

❺ 一邊在④上淋入橄欖油，一邊同時用手持攪拌棒進行攪打（Ph.7）。用鹽調整風味
　 （Ph.8）。

[POINT]

青蔥在高溫的烤箱中急遽加熱，就能瞬間釋出全部的水分。

甜豆／蠶豆／四季豆

香菇和飯的醬汁

甜豆、蠶豆、四季豆混合的醬汁，生井先生在此也活用了傳統食物「鮒魚壽司」。鮒魚和米麴都是發酵食物，散發其獨特酸味和美味的米麴（＝飯），用魚高湯（fumet de poisson）加入奶油煮過的香菇來提味，用燙煮過的大葉玉簪嫩芽包捲起來，就能呈現一片碧綠的整體感。（料理的食譜配方→178頁）

[材料]

香菇…1kg
魚高湯（→209頁）…1L
奶油…300g
鮒魚壽司的飯*…20～30g
大葉玉簪嫩芽、鹽…各適量

＊鮒魚壽司的飯
使用的是滋賀縣彥根市「木村水產」鮒魚壽司的飯。因與鮒魚一起進行乳酸發酵，所以具有強烈酸味與美味。

[製作方法]

❶ 香菇切成細碎狀（Ph.1）。
❷ 將①放入鍋中，倒入魚高湯，以小火燉煮（Ph.2）。
❸ 待②的水分揮發後，加入奶油混拌（Ph.3）。
❹ 將鮒魚壽司的飯加入③之中混拌，用鹽調整味道（Ph.4）。
❺ 將④攤放在方型淺盤中降溫（Ph.5）。
❻ 在鹽水燙煮過的大葉玉簪嫩葉上直線排放⑤，捲起成棒狀（Ph.6）。

[POINT]

因為飯具有強烈的發酵氣味，因此僅使用少量以提味。

青豆仁／小黃瓜／牡蠣

酸模原汁、高麗菜泥

新鮮的酸模擠榨出具酸味和苦味的清爽果汁，並以此為醬汁。添加上清甜中隱約帶著微苦的春季高麗菜，整體而言是略帶酸甜風味的醬汁，搭配燙煮過的青豆仁、帶著烤紋的小黃瓜、迅速汆燙的牡蠣。最後用櫻桃的紅與甜烘托提味。（料理的食譜配方→179頁）

[材料]

酸模原汁

酸模（oseille）…適量

高麗菜泥

高麗菜、鹽…各適量

[製作方法]

酸模原汁

❶ 酸模洗淨後，瀝乾水分（Ph.1）。

❷ 將①放入食物調整機中攪打成果汁（Ph.2、3）。

高麗菜泥

❶ 以鹽水燙煮高麗菜後，浸泡於水中（Ph.4）。

❷ 將①的高麗菜連同煮汁一起放入料理機中，攪打成泥狀（Ph.5）。用鹽調味，完成製作（Ph.6）。

[POINT]

酸模、高麗菜都請選用鮮度良好的產品。

筍／海帶芽／櫻花蝦

筍的醬汁

盛裝了油炸竹筍和海帶芽慕斯的容器中，倒入添加魚高湯的竹筍煮汁，製作出鮮味十足的醬汁，具有「若竹煮」風格的成品。醬汁當中，以鮮奶油和蜂蜜增加其濃郁香醇及美味，呈現出類似法式料理的樣貌。在賓客前澆淋醬汁，另外附上炸櫻花蝦，可以撒在竹筍上一起享用。（料理的食譜配方→179頁）

[材料]

竹筍…2kg
辣椒…1根
魚高湯（→209頁）…1.5L
鮮奶油…1L
蜂蜜、奶油、鹽…各適量

[製作方法]

❶ 切去竹筍的前端，在表皮劃切後，以添加辣椒的熱水燙煮（Ph.1）。

❷ 完成燙煮後剝去外皮（Ph.2），分切開內側柔軟部分及接近表皮的堅硬部分（Ph.3）。

❸ 將魚高湯倒入鍋中，加入②全部的竹筍。覆上落蓋（Ph.4），以小火約煮1小時（Ph.5）。過濾（竹筍柔軟部分取出用於料理當中）。

❹ 將③的煮汁移至鍋中，熬煮濃縮至半量（Ph.6）。添加鮮奶油和蜂蜜，再熬煮濃縮至2/3量（Ph.7）。

❺ 加入奶油使其溶化，以鹽調味。用手持攪拌器攪打後，完成（Ph.8）。

因為鮮奶油和蜂蜜而增加濃度的醬汁，表面呈現光澤濃稠。

[POINT]

為避免竹筍釋出苦味地用小火慢煮。
蜂蜜和鮮奶油可以呈現出體積與豐厚感。

筍／螯蝦（langoustine）／帶花芝麻葉

番茄和山椒嫩芽的醬汁

在燙煮過的竹筍上塗抹大量切碎的螯蝦後油炸，再搭配上長莖帶花的芝麻葉。配合春意
盎然的成品，使用添加山椒嫩芽的爽口番茄湯所製成的醬汁。入口時，番茄的酸味和山
椒嫩芽清爽的香氣，更能烘托出炸物的濃郁風味。（料理的食譜配方→179頁）

[材料]

番茄水
┌ 番茄…2個
│ 水…50cc
└ 鹽…1小撮
奶油…15g
山椒嫩芽、橄欖油…各適量

[製作方法]

❶ 製作番茄水。番茄於常溫中放置約一週使其更成熟（Ph.1）。

❷ 分切①的番茄成大塊狀，連同水和鹽一起放入鍋中（Ph.2）。用耐熱的保鮮膜密
封包覆，以增加壓力下邊煮沸（Ph.3）。持續30～40分鐘，以小火加熱（Ph.4）。

❸ 將②倒至舖有廚房紙巾的濾網上（Ph.5），以此狀態放置一夜使其緩慢地
過濾。

❹ 將③的番茄水移至鍋中，熬煮濃縮至2/3量。添加奶油使其溶化（Ph.6）。

❺ 加入用刀切碎的山椒嫩芽（Ph.7）。滴淋上橄欖油，呈現分離狀態地使用
（Ph.8）。

[POINT]

番茄放置於常溫中使其更成熟，能釋出強烈香氣後再使用。

球芽甘藍／日本象拔蚌

油菜花泥、馬鈴薯香鬆

以馬鈴薯泥混拌麵包粉後乾燥，製成的馬鈴薯香鬆取代醬汁，搭配球芽甘藍及襯底的日本象拔蚌一起享用。相對於酥脆口感的香鬆，添加口感潤澤的生火腿泥，恰如其分地補足水分和濃滑口感。油菜花泥用雞高湯稀釋即可強化美味。（料理的食譜配方→180頁）

1　2　3　4　5　6　7　8

[材料]

油菜花泥

油菜花…200g
奶油…20g
洋蔥（new onion品種）…50g
雞高湯（Bouillon de poulet）
（→210頁）…200cc
鹽、胡椒…各適量

馬鈴薯香鬆

馬鈴薯（Cynthia品種）…300g
融化奶油…60g
麵包粉…240g

[製作方法]

油菜花泥

❶ 油菜花以鹽水汆燙後（Ph.1），浸泡於冰水中防止變色。
❷ 在平底鍋中融化奶油，拌炒切成薄片的洋蔥（Ph.2）。倒入雞高湯，略為熬煮。
❸ 將①和②放入果汁機中攪打（Ph.3）。以粗網目的濾網過濾，加入鹽和胡椒調味（Ph.4）。

馬鈴薯香鬆

❶ 馬鈴薯燙煮後去皮，過篩成泥狀。
❷ 在①當中加入融化奶油混拌，加入麵包粉後再次混拌（Ph.5）。
❸ 當麵包粉和奶油拌成粗粒狀後（Ph.6），攤開在舖著烤盤紙的烤盤上。以50～60℃的烤箱烘烤半天使其乾燥（Ph.7）。
❹ 用手指將③捏散（Ph.8）。

從看似泥土的香鬆當中，球芽甘藍就像是冒出的嫩芽、開出的花朵一般。

[POINT]

油菜花泥，為避免多餘水分地除去長莖後再使用。

馬鈴薯／筆頭菜

昆布和馬鈴薯的醬汁

以搭配馬鈴薯麵疙瘩（Gnocchi）的醬汁為基底，加上溶入昆布粉的昆布高湯，並添加馬鈴薯泥，呈現出甘甜美味與極佳的口感。利用奶油和肉荳蔻，散發近似法式料理濃郁及香氣的醬汁，與馬鈴薯麵疙瘩融合為一，再裝飾上直接酥炸的筆頭菜上桌。（料理的食譜配方→180頁）

[材料]

昆布粉…15g
水…250cc
馬鈴薯粉*…20g
馬鈴薯…30g
肉荳蔻、奶油、鹽…各適量

＊馬鈴薯粉
乾燥烘烤過的馬鈴薯，並以料理機攪碎成粉末

[製作方法]

❶ 在鍋中放入昆布粉和水，加熱（Ph.1）。以攪拌器混拌至昆布粉溶於水中（Ph.2）。

❷ 把①倒入舖放廚房紙巾的網篩內，絞擠紙巾地邊施以壓力邊使其過濾（Ph.3）。

❸ 將②移至鍋中，加熱。加入馬鈴薯粉混拌（Ph.4）。

❹ 馬鈴薯帶皮磨成泥（Ph.5），加入③當中（Ph.6）。

❺ 撒入肉荳蔻至④，放入奶油融合整體（Ph.7）。

❻ 用鹽調味，並以手持攪拌棒攪拌至均質（Ph.8）。

因昆布的黏稠與馬鈴薯的澱粉，讓醬汁形成了濃厚且具黏稠感的質地。

[POINT]

醬汁的濃度過於濃稠時，可以用昆布高湯來調整。

馬鈴薯／魚子醬

蛤蜊和魚子醬的醬汁

生井先生店內的主要色彩，是搭配灰色碗盤的灰色醬汁，用的是蛤蜊原汁添加魚子醬攪拌過濾而成。在盤中舖放馬鈴薯塔餅，盛放馬鈴薯片並裝飾上鱒魚卵。這個構想來自魚子醬與俄式煎餅（blini）的組合，改以現代風格，享受其中樂趣的一道作品。（料理的食譜配方→180頁）

[材料]

蛤蜊…1kg

大蒜油…適量

魚高湯（→209頁）…360cc

白酒…30cc

紅蔥頭…60g

奶油…100g

魚子醬…適量

[製作方法]

❶ 在鍋中加熱大蒜油（省略解說），放入吐砂完畢的蛤蜊、魚高湯，加熱（Ph.1）。

❷ 煮沸①，使蛤蜊開口（Ph.2）。熬煮濃縮至入味，加入切碎的紅蔥頭。立刻熄火過濾（Ph.3）。

❸ 將②移至鍋中，加熱。放入奶油使其溶化，以手持攪拌棒打發（Ph.4）。

❹ 在③當中加入魚子醬（Ph.5），再以手持攪拌棒攪打（Ph.6）。

❺ 過濾（Ph.7、Ph.8）。

在馬鈴薯花朵之下，舖放的是宛如脆餅般的塔餅。

[POINT]

蛤蜊與魚子醬的鹹度，風味就足夠了。

文蛤、橄欖和糖漬檸檬的醬汁

櫛瓜花裝填了文蛤的慕斯油炸。以蔬菜高湯稀釋文蛤高湯完成的醬汁中，加入糖漬檸檬和綠橄欖，表現出櫛瓜花經常呈現的南法風味。為了使醬汁稠濃，採用經典油糊（roux）也是重點，藉由麵粉的稠度製作出膨鬆柔軟且滑順的成品。（料理的食譜配方→181頁）

[材料]

蔬菜高湯（bouillon de legumes）
┌ 韭蔥…30g
│ 紅蘿蔔…70g
│ 洋蔥…50g
│ 茴香頭…30g
│ 西洋芹…60g
│ 水…700cc
└ 鹽…1小撮

文蛤原汁
┌ 文蛤…3個
└ 水…適量

油糊
┌ 奶油…12g
└ 00麵粉*…4g

＊00粉
極細顆粒的麵粉

糖漬檸檬、橄欖…各適量

[製作方法]

❶ 製作蔬菜高湯。材料全部切成薄片，與水一同放入鍋中加熱。沸騰後轉為小火煮約30分鐘後，過濾（Ph.1）。

❷ 製作文蛤原汁。在鍋中放入少量的水分（用量外）煮至沸騰後，放入文蛤約10秒左右（Ph.2）。在文蛤開殼前取出，以刀子剝開文蛤，取出蛤肉及其繫帶（Ph.3）。

❸ 將②的文蛤繫帶（在此也使用蛤肉）、蛤殼上的原汁、水一起放入鍋中，煮約7～8分鐘（Ph.4）。取出文蛤。

❹ 製作油糊。在鍋中放入奶油使其融化，加入00麵粉（Ph.5）。邊加熱邊充分混拌（Ph.6）。

❺ 各取50cc的①和③混合，加入④當中（Ph.7）。略微熬煮後，加入糖漬檸檬和適度切碎的橄欖（Ph.8）。

[POINT]

在文蛤開殼前就先從熱水中取出，是為了防止苦味的產生。

銀杏／菊花

鯖魚片和山茼蒿的醬汁

炸銀杏的黃色、醬汁的深綠色、橄欖油的黃綠色，對比色彩鮮艷的一道成品。綠色的醬
汁是山茼蒿的蔬菜泥。荒井先生：比「魚高湯或鰹魚片更具野趣」，利用鯖魚片熬煮的
高湯來稀釋製作而成。往往容易給人印象不深的蔬菜料理，也能強化其風味及其色彩。
（料理的食譜配方→181頁）

[材料]

鯖魚高湯
┌ 水…150cc
└ 鯖魚片…10g
山茼蒿…50g
魚醬（garum）、葛粉水
　…各適量

[製作方法]

❶ 製作鯖魚高湯。在鍋中加水煮沸，放入刨削下來的鯖魚片後，
　離火（Ph.1）。當鯖魚片完全沈入熱水後，以紙巾過濾（Ph.2）。

❷ 以鹽水燙煮山茼蒿（Ph.3），撈起浸泡冰水定色。放入料理機中
　攪打成泥狀（Ph.4）。

❸ 將①移至鍋中加熱。添加魚醬調整味道（Ph.5），加入葛粉水使
　其產生濃稠度（Ph.6）。

❹ 在③中加入②混拌（Ph.7、Ph.8）。

[POINT]

為避免鯖魚片釋出苦味，不要將它煮沸，浸泡後即過濾。

小洋蔥

松露的醬汁

表面烘烤至焦糖化的迷你洋蔥，搭配風味豐富的黑松露醬汁品嚐的一道美味。蘑菇拌炒
至出水（suer）的鍋中，依序加入馬德拉酒（Madeira）、波特酒（Port）、干邑白蘭地、
清湯（consommé）等熬煮，最後加入大量松露融合風味。酒與高湯濃縮的美味搭配松
露的香氣，正是法式料理中最正統的美味。（料理的食譜配方→181頁）

[材料]

蘑菇⋯100g

紅蔥頭⋯20g

馬德拉酒⋯270cc

波特酒⋯135cc

干邑白蘭地⋯85cc

清湯⋯125cc

雞基本高湯（fond de volaille）
（→206頁）⋯125cc

松露⋯50g

松露泥*⋯50g

鹽⋯適量

＊松露泥
松露皮及其邊角冷凍後用冷凍粉
碎調理機（Pacojet）攪打而成。

[製作方法]

❶ 在鍋中放入切成薄片的蘑菇和紅蔥頭，拌炒至出水（Ph.1）。

❷ 待①軟化後，依序加入馬德拉酒、波特酒、干邑白蘭地
（Ph.2），熱煮濃縮至1/10的程度（Ph.3）。

❸ 在②當中加入清湯（省略解說）（Ph.4），接著再加入雞基本高
湯，熬煮濃縮至半量的程度（Ph.5）。

❹ 將松露薄片和松露泥加入③（Ph.6、Ph.7），略加熬煮。以鹽調
整風味。

❺ 以食物調理機攪拌④，過濾（Ph.8）。

[POINT]

鍋中不使用油脂，使蘑菇與食材炒出水分。

萵筍

魚乾的醬汁

高田先生表示「能在短時間釋放出濃郁美味的魚乾，是作為醬汁基底最適用的食材」。
由竹莢魚乾與蘑菇萃取出的美味醬汁，搭配汆燙的萵筍（莖用萵苣）。醬汁用鮮奶油、
孔泰起司（Comté cheese）、大蒜等，融合日式風格，呈現出濃厚風味。打發醬汁能使
其飽含空氣地呈現輕盈感。（料理的食譜配方→182頁）

［材料］

竹筴魚乾…1隻
大蒜…1片
茴香籽…適量
蘑菇…6顆
日本酒…150cc
牛奶…150cc
鮮奶油…150cc
孔泰起司（表皮部分）
酸奶油
大豆卵磷脂
奶油
鹽…各適量

［製作方法］

❶ 在鍋中加熱奶油，拌炒切成大塊的竹莢魚乾和切成薄片的大蒜（Ph.1）。

❷ 待魚乾變軟並產生炒色後，加入茴香籽和切成薄片的蘑菇混合拌炒（Ph.2）。

❸ 在②當中加入日本酒，煮至酒精揮發（Ph.3）。加入牛奶、鮮奶油熬煮濃縮至入味（Ph.4）。

❹ 用手持攪拌棒攪打③後，過濾（Ph.5）。

❺ 將④過濾後倒入鍋中加熱。加入孔泰起司的表皮，使香氣融入（Ph.6）。

❻ 從⑤當中取出孔泰起司，加入酸奶油。以鹽調整風味，加入大豆卵磷脂，以手持攪拌棒打發（Ph.7、Ph.8）。

［POINT］

魚乾除了竹莢魚之外，紅鱸等油脂較多的魚也適合製作。

蕪菁葉醬汁、香草油

白色大型花狀的盛盤，是削切成薄片的新鮮蕪菁。描繪出點狀的綠色醬汁，是蕪菁葉和調味蔬菜高湯（court bouillon）製成的泥，再加上浸泡出香草芳香的油脂。用醬汁混拌毛蟹肉再奢華地飾以魚子醬，無論如何主要還是「享用蕪菁的概念」。（料理的食譜配方→182頁）

[材料]

蕪菁葉醬汁

蕪菁葉…200g

調味蔬菜高湯（→211頁）
…200cc

洋菜（agar-agar）…3g

香草油

羅勒葉

平葉巴西利葉

香葉芹（chervil）

蒔蘿

橄欖油…各適量

[製作方法]

蕪菁葉醬汁

❶ 蕪菁葉以鹽水燙煮（Ph.1），撈起浸泡冷水定色。

❷ 將①的水分充分擰乾，連同調味蔬菜高湯一起放入果汁機內攪拌（Ph.2）。以紙巾過濾。

❸ 將②移至鍋中，邊加入洋菜邊加熱並攪拌混合（Ph.3）。

❹ 待③的溫度升至90℃後離火，墊放冰水邊混拌邊使其急速冷卻（Ph.4）。

❺ 待④凝固後（Ph.5），以手持攪拌棒攪打至均質（Ph.6），以圓錐濾網過濾（Ph.7）。

香草油

❶ 將羅勒葉、平葉巴西利、香葉芹、蒔蘿放入料理機內，再倒入溫熱至60℃的橄欖油。

❷ 將①攪打3分鐘，再以紙巾過濾（Ph.8）。

[POINT]

香草油，藉由溫熱油脂使顏色和香氣更容易釋放萃取。

蕪菁

鯷魚和杏仁果瓦片

以看似桃子的沙拉用「蜜桃蕪菁」為主角的一道料理。用奶油煮過的鯷魚加上杏仁果為
基本材料製作、冷卻凝固的瓦片，更在醬汁中發揮效果。清甜水嫩的新鮮蕪菁與風味濃
郁的瓦片，能同時享受到水潤和爽脆的對比口感。（料理的食譜配方→182頁）

[材料]

杏仁果（馬爾科納Marcona
品種）…160g
鯷魚…80g
奶油…165g

[製作方法]

❶ 杏仁果放入180℃的烤箱加熱5〜6分鐘（Ph.1）。

❷ 鯷魚放於網篩中置於溫暖處，以瀝出多餘的油脂（Ph.2）。

❸ 在鍋中融化奶油，加入②（Ph.3）。以小火邊加熱邊以攪拌器混
　拌（Ph.4）。

❹ 加熱至③的奶油噗噗煮沸，變成淡茶色時將火轉小（Ph.5），加
　入①，離火（Ph.6）。

❺ 以料理機攪打④至呈粗略的膏狀（Ph.7）。倒入鋪有保鮮膜的方
　型淺盤中攤平成2mm的厚度，置於冷凍室冷卻凝固（Ph.8）。凝
　固後分切成適當的大小。

[POINT]

鯷魚的油脂瀝得乾淨就不會產生魚腥味。

蠑螺肝和咖啡的醬汁

用昆布高湯烹煮的蘿蔔，搭配帶著海濱香氣的蠑螺肝醬汁。蠑螺肝以日本酒烹煮減少其特殊氣味，再以蠔油增添美味。肝、蜂斗菜、咖啡三種不同物質的微苦和香氣，重疊複合構成的醬汁，恰好能與汁液豐富的蘿蔔完全結合。（料理的食譜配方→183頁）

[材料]

蠑螺肝…12個

日本酒…50cc

蠔油…少量

乾燥蜂斗菜*…8個

咖啡豆、橄欖油、鹽…各適量

＊乾燥蜂斗菜
蜂斗菜是微波乾燥的市售品。仍有著與現採近似的香氣。

[製作方法]

❶ 在鍋中加熱橄欖油，拌炒蠑螺肝（Ph.1）。

❷ 待蠑螺肝受熱後，加入日本酒加熱至沸騰（Ph.2）。

❸ 在②當中加入蠔油，邊澆淋煮汁至蠑螺肝上，邊熬煮濃縮至1/2用量（Ph.3）。

❹ 混合③和乾燥蜂斗菜（Ph.4），以果汁機攪拌（Ph.5）。過程中加入少量橄欖油，再攪拌。

❺ 將④過濾至鍋中（Ph.6），加溫。

❻ 在⑤當中放入咖啡豆磨細的咖啡粉（Ph.7），以鹽調整風味完成製作（Ph.8）。

外觀看起來宛如巧克力般，可以用蠑螺肝的用量來調整其濃度及風味。

[POINT]

利用咖啡豆的微苦和香氣，來包覆蠑螺肝的海味。

紫菊苣／烏魚子／開心果

黃金柑果泥

切成大塊以大火燒烤的紫菊苣，搭配酸甜黃金柑果泥享用的料理。淡黃色的果泥，使用的是金山先生說：「香味豐饒具恰到好處酸味」的黃金柑。加入隱約青草味道的橄欖油使其乳化，更能提升風味。撒放的開心果和烏魚子具有化龍點睛之效。（料理的食譜配方→183頁）

[材料]

黃金柑…230g

水…250cc

細砂糖…40g

橄欖油…40cc

[製作方法]

❶ 將黃金柑分切成四等分，除去籽（Ph.1）。

❷ 在鍋中放入水和細砂糖加熱，溶化細砂糖。

❸ 將①的黃金柑果皮朝下地排放在②的鍋底，煮沸（Ph.2）。

❹ 覆蓋紙巾（Ph.3），邊加水分（用量外）邊以小火煮至黃金柑變軟為止，約煮1.5小時～2小時（Ph.4）。

❺ 以果汁機攪打④的黃金柑。少量逐次地邊加入橄欖油邊攪拌（Ph.5），使其成為膏狀（Ph.6）。

[POINT]

因柑橘是帶皮使用，所以請選擇比較沒有苦味的品種。

紫菊苣

血腸的醬汁

整顆直接油炸的紫菊苣和血腸的組合。雞高湯中溶入麥味噌和血腸，再以豬油融合全體的特色醬汁，是高田先生的故鄉－奄美大島上傳統料理中的組合。香煎紫菊苣後沾裹醬汁舖底，邊敲碎酥炸紫菊苣邊享用是一大樂趣。（料理的食譜配方→183頁）

[材料]

雞高湯（→208頁）…200cc
麥味噌…35g
血腸（boudin noir）*…80g
增稠劑（Toromeiku）…少量
豬油*…20g
艾斯佩雷產辣椒粉（Piment
D'espelette）、鹽…各適量

＊血腸
使用的是兵庫縣芦屋市
「Metzgerei Kusuda」製的成品。

＊豬油
使用的是鹿兒島‧奄美大島產
「島豬」的豬油。

[製作方法]

❶ 在鍋中放入雞高湯和麥味噌（Ph.1）加熱。以攪拌器混拌（Ph.2）。

❷ 血腸（Ph.3）切成適當的大小，加入①當中（Ph.4）。增稠劑也加入混拌（Ph.5）。

❸ 先一度離火，以手持攪拌棒攪打。

❹ 在③當中加入豬油，再次加熱（Ph.6），以手持攪拌棒攪打。

❺ 在④撒放艾斯佩雷產辣椒粉（Ph.7），以鹽調整風味完成製作（Ph.8）。

[POINT]

首先，以增稠劑增加濃度後，再利用豬油添加風味和光澤。

直接油炸的紫菊苣下半部也沾裹上醬汁，使味道滲入。

第二章

蝦、烏賊、
章魚、貝類的料理
與醬汁

可活用於各種料理的海中珍味（Fruits de mer）。

深具彈牙感的鮮蝦、鮮美軟黏的烏賊、嚼感良好的貝類等，

這些特有口感的組合搭配，

更能有效地呈現出醬汁的濃度及風味。

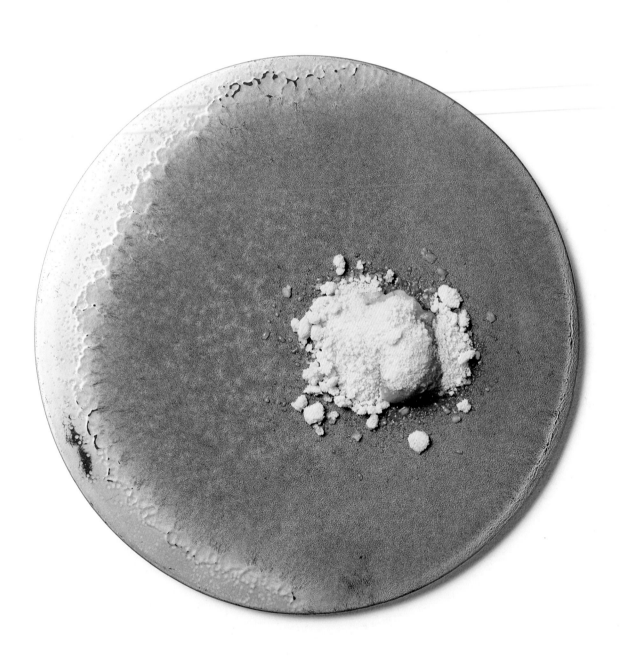

牡丹蝦

小黃瓜粉和凍

新鮮活的牡丹蝦以萊姆汁等略為醃漬後，搭配小黃瓜凍和冰砂完成的醬汁。小黃瓜以麻
油拌炒至青澀味消失後，加入乳清、紫蘇、沖繩的辣調味料－泡盛醃辣椒等一起攪拌。
像西班牙冷湯（Gazpacho）般可以品嚐出清涼風味的成品。（料理的食譜配方→184頁）

[材料]

小黃瓜…10根
乳清（whey）…180cc
醃梅…1個
紫蘇葉…10片
生薑搾汁…30cc
泡盛醃辣椒＊…5cc
板狀明膠…2片
冷壓白芝麻油、芝麻油、
鹽…各適量

＊泡盛醃辣椒
將米椒醃漬在泡盛酒當中，
是沖繩縣產的辣調味料

[製作方法]

❶ 小黃瓜去籽，切成適當的大小。

❷ 在鍋中加熱冷壓白芝麻油，放入①（Ph.1）。使小黃瓜能完全沾
　裹到芝麻油地以大火加熱並在鍋中翻拌（Ph.2）。以鹽和芝麻油
　調整風味。

❸ 將②、乳清、醃梅、紫蘇、生薑汁、泡盛醃辣椒混合，放入料
　理機內攪打。（Ph.3、Ph.4）。

❹ 將部分的③放入冷凍粉碎調理機（Pacojet）的專用容器內冷
　凍。在使用前才攪打，製成小黃瓜冰砂（Ph.5）。

❺ 將部分的③溫熱，加入以水還原的板狀明膠。冷卻凝固後作成
　小黃瓜凍（Ph.6）。

[POINT]

小黃瓜先以大火拌炒，仍存留新鮮感並整合香氣。

螯蝦／紅蘿蔔

3色蔬菜油

搭配略微烤過的螯蝦，以及和歌山產迷你紅蘿蔔的是，運用動物高湯完成的三種蔬菜油。能直接品嚐到螯蝦本身，高田先生說：「色彩與香氣為主」的醬汁。黃色的紅蘿蔔油、橘色的番茄油、綠色的平葉巴西利油，自然混合令人印象深刻的一道料理。（料理的食譜配方→184頁）

[材料]

紅蘿蔔油
紅蘿蔔…1kg
葵花油…600cc

番茄油
番茄碎（tomates concentrees）…250g
白蘭地…100cc
葵花油…600cc

平葉巴西利油
平葉巴西利…250g
橄欖油…250cc

[製作方法]

紅蘿蔔油
❶ 紅蘿蔔去皮切成厚4mm左右的扇形（Ph.1）。
❷ 在鍋中放入葵花油和①加熱。加熱至80〜85℃水分完全消失為止（Ph.2）。
❸ 將②離火，以手持攪拌棒攪打（Ph.3）。
❹ 再次加熱③，邊用攪拌器攪打邊加熱至紅蘿蔔的水分完全揮發（Ph.4）。
❺ 以紙巾過濾④濾出油脂（Ph.5、Ph.6上）。過濾出的紅蘿蔔用於紅蘿蔔泥（→184頁）。

番茄油
❶ 在鍋中放入番茄碎，以白蘭地和葵花油稀釋，加熱。
❷ 加熱至80〜85℃水分完全消失為止。以手持攪拌棒攪打，以紙巾過濾（Ph.6下）。

平葉巴西利
❶ 平葉巴西利和橄欖油放入冷凍粉碎調理機（Pacojet）的專用容器內冷凍，再攪打。
❷ ①溶化後，以圓錐濾網過濾後再以紙巾過濾（Ph.6中）。

[POINT]

完成時的油脂，冷藏保存可以讓顏色不會太快揮發。

龍蝦／紅椒堅果醬（salsa romesco）／杏仁果

雞內臟醬汁、龍蝦原汁

「魚貝類與肉類的組合」是荒井先生常用的主題之一。在此，將刷塗了龍蝦原汁以法式
燒烤（laqué）方式烹調的龍蝦，搭配上用雞內臟和番茄熬煮的濃郁醬汁。佐以利用紅椒
泥為基底加入香料製作的紅椒堅果醬來添加美味。是以「年輕時，曾在義大利料理店內
嚐過的組合為概念」所發想的一道料理。（料理的食譜配方→184頁）

[材料]

雞內臟醬汁
雞內臟（雞心、雞胗、雞肝）…200g
奶油…35g
法式蘑菇碎（duxelles）…65g
番茄醬汁…180g
帕瑪森起司…10g
白胡椒、鹽…各適量

龍蝦原汁
龍蝦殼、白蘭地、
調味蔬菜（mirepoix）（紅蘿蔔、洋
蔥、西洋芹）、番茄、水、米糠油、
鹽…各適量

[製作方法]

雞內臟醬汁
❶ 雞內臟粗略切開。
❷ 在平底鍋內放入奶油加熱，製作焦化奶油（beurr noisette）（Ph.1）。
❸ 將①放入②當中拌炒（Ph.2）。待全體開始呈色後，加入鹽、白胡椒、法
　式蘑菇碎、番茄醬汁（皆省略解說）熬煮（Ph.3）。
❹ 待水分揮發，全體變軟後加入磨削的帕瑪森起司和鹽（Ph.4），完成濃
　郁厚重的泥狀醬汁（Ph.5）。

龍蝦原汁
❶ 大塊剝開龍蝦殼（Ph.6），在加了米糠油的鍋內拌炒。
❷ 用白蘭地焰燒（flambé），加入調味蔬菜、番茄、水。熬煮濃縮至產生
　濃度後，過濾（Ph.7），以鹽調整風味。
❸ 燙煮過的龍蝦（→182頁）上刷塗②，置於明火烤箱（Salamander）內進
　行烘乾作業，重覆數次（Ph.8）。

[POINT]
雞內臟切得略大使其保留口感。

龍蝦／紅蘿蔔

龍蝦醬汁・原汁

與龍蝦的貝涅餅（Beignet）搭配的紅酒醬汁，是法式料理的基本忠實呈現。炒香龍蝦殼萃取出香氣及美味精華，紅葡萄酒和波特紅酒熬煮濃縮至可以形成表層鏡面醬汁，增添完成時的美味和美觀。紅蘿蔔泥混入醬汁當中，也能增加風味的變化。（料理的食譜配方→185頁）

[材料]

龍蝦的醬汁・原汁

龍蝦的殼…1隻

大蒜…1/2個（帶皮）

調味蔬菜（紅蘿蔔、洋蔥、西洋芹）…適量

紅葡萄酒…270cc

波特紅酒…270cc

紅葡萄酒（完成時用）…70cc

波特紅酒（完成時用）…70cc

奶油…50g

橄欖油、鹽…各適量

紅蘿蔔泥

紅蘿蔔…200g

奶油…50g

水…100cc

月桂葉…1片

[製作方法]

龍蝦的醬汁・原汁

❶ 大塊剁開龍蝦殼，在加了橄欖油的鍋內與大蒜一起拌炒（Ph.1）。

❷ 待大蒜散發香氣後，加入調味蔬菜繼續拌炒。

❸ 待龍蝦殼變成紅色之後，添加紅葡萄酒和波特紅酒，去漬（déglacer）溶出鍋底精華（Ph.2）。

❹ 邊撈除③的浮渣邊熬煮濃縮至半量（Ph.3），過濾。

❺ 在另外的鍋中，混合完成時用的紅葡萄酒和波特紅酒，煮至沸騰（Ph.4）。熬煮濃縮至產生光澤為止（Ph.5）。

❻ 將④加入⑤當中（Ph.6），再次煮至沸騰。加入奶油融合（Ph.7），以鹽調整風味完成製作（Ph.8）。

紅蘿蔔泥

❶ 在鍋中加熱奶油，放入切成薄片的紅蘿蔔加熱約20分鐘，拌炒至柔軟。

❷ 在①中加入水和月桂葉。待煮沸後取出月桂葉，以手持攪拌棒攪打成泥狀。

[POINT]

完成時也使用大量酒類，可以增添風味和美觀。

龍蝦／萬願寺辣椒

烏賊墨汁和可可的醬汁

烤龍蝦與甲殼類（此次用的是日本後海螯蝦Metanephrops japonicus）高湯為基底的
醬汁，是最基本的組合，但金山先生選用了新鮮烏賊和烏賊墨汁，還添加了可可成分
100%的巧克力，更深刻呈現出多層次的風味。完成時擺放上克倫納塔鹽漬豬脂火腿
（Lardo di Colonnata），更加深油脂、鹹味以及美味。（料理的食譜配方→185頁）

[材料]

螯蝦高湯（fumet de langoustine）
　…100cc

┌ 日本後海螯蝦的蝦螯、白酒
└ 水…各適量

長槍烏賊…2隻

韭蔥、紅蘿蔔、西洋芹…各適量

水…500cc

烏賊墨汁（冷凍）…15g

雪莉醋（sherry vinegar）…少量

覆蓋巧克力（可可成分100%）…3g

葡萄籽油、鹽…各適量

[製作方法]

❶ 製作螯蝦高湯。日本後海螯蝦1cm長的蝦螯剪成小段，放入170℃的
　烤箱內烘烤20分鐘（Ph.1下）。

❷ 在鍋中放入①、白酒和水，約煮30分鐘。過濾（Ph.1上）。

❸ 取下長槍烏賊的眼睛和嘴，也卸下烏賊腳（用於其他料理）。身體部
　分連同內臟一起切成圓圈狀。

❹ 在放有葡萄籽油的鍋中拌炒③的長槍烏賊（Ph.2）。待水分消失後，
　加入切成方形薄片狀的韭蔥、紅蘿蔔以及切成薄片的西洋芹，再次
　拌炒（Ph.3）。

❺ 在④中加入螯蝦高湯和水，去漬（déglacer）溶出鍋底精華（Ph.4）。

❻ 在⑤中加入烏賊墨汁，熬煮1.5小時（Ph.5）。以圓錐濾網過濾
　（Ph.6）。

❼ 取出⑥放至小鍋中，加入雪莉醋和切碎的覆蓋巧克力（Ph.7）。煮沸
　後除去浮渣。以鹽調整風味完成製作。（Ph.8）。

[POINT]

蔬菜類確實拌炒以充分釋放出甜味。

螢烏賊和西班牙香腸的醬汁

從法國巴斯克地區經常可見的料理,「烏賊和豬肉」組合中得到的靈感,螢烏賊搭配西班牙香腸的醬汁。作為「提味具香氣的葉菜」,利用挑選出長根鴨兒芹的香氣,正是日本春季的呈現。螢烏賊的身體和肝臟分開後,香煎,即使是醬汁也溫熱地完成,營造出一體感。(料理的食譜配方→185頁)

[材料]

長根鴨兒芹…40g
西班牙香腸(chorizo)…60g
調味蔬菜高湯(court bouillon)(→211頁)…90cc
魚高湯(fumet de poisson)(→211頁)…120cc
葛粉水…適量
螢烏賊…100g
橄欖油、檸檬汁、鹽、胡椒…各適量

[製作方法]

❶ 將長根鴨兒芹的葉子摘下只留下莖部(Ph.1)。將莖部切碎。

❷ 在鍋中加熱橄欖油,拌炒切碎的西班牙香腸(Ph.2)。當油脂吸收了西班牙香腸的香氣後,加入①,輕輕混合拌炒(Ph.3)。

❸ 在②當中加入調味蔬菜高湯和魚高湯,略加熬煮(Ph.4)。以鹽和胡椒調整風味。

❹ 將③轉為小火,加入葛粉水使其濃稠。

❺ 取下螢烏賊的眼睛、嘴和軟骨,避免破壞內臟地連同腳鬚一起拉出(Ph.5)。

❻ 在鐵氟龍加工過的鍋內加熱少量橄欖油,拌炒⑤的螢烏賊身體和內臟(Ph.6)。以鹽調整風味,澆淋上檸檬汁。

❼ 將⑥放入④當中,加熱(Ph.7)。當醬汁中溶出內臟的茶色時,即已完成(Ph.8)。

[POINT]

在醬汁中同時加熱螢烏賊,可以使整體風味更為融合。

螢烏賊／紫菊苣

螢烏賊和西班牙香腸的濃醬

生井先生也和目黑先生（56頁）同樣地採用了螢烏賊和西班牙香腸的組合。兩者混合拌炒後製作出豐盛美味的濃醬，佐螢烏賊的貝涅餅，撒上香氣十足的煙燻紅椒粉，鮮紅的色彩更襯托出料理的美味。（料理的食譜配方→186頁）

[材料]

西班牙香腸（chorizo）…50g
螢烏賊（燙煮過）…200g
焦糖化洋蔥*…90g
煙燻紅椒粉…20g
雞基本高湯（fond de
volaille）（→209頁）…100cc
黃芥末、大蒜油…各適量

＊焦糖化洋蔥
拌炒至呈糖色的洋蔥

[製作方法]

❶ 在鍋中加熱大蒜油，拌炒切成細條狀的西班牙香腸（Ph.1）。

❷ 在①當中加入除去眼睛、嘴、軟骨的螢烏賊（Ph.2），再繼續拌炒。加入焦糖化洋蔥、煙燻紅椒粉（Ph.3）。

❸ 邊用木杓搗碎②的螢烏賊邊繼續拌炒（Ph.4），當水分揮發後加入雞基本高湯（Ph.5）。邊混拌邊略加熬煮。

❹ 以食物調理機攪打③（Ph.6）。過濾出殘渣。

❺ 取④和黃芥末放入鍋中，混合拌勻（Ph.7、Ph.8）。

由下層起依序疊放醬汁、螢烏賊的貝涅餅、紫菊苣。

[POINT]

使用煙燻過的紅椒粉，強調香料的存在感。

烏賊／大葉玉簪嫩芽

絲綢起司的乳霜、羅勒油

始於「採用大葉玉簪嫩芽」而完成的一道料理。略帶黏稠的大葉玉簪嫩芽，和同樣具黏稠感的烏賊相搭配，由綠色和白色構成組合，再搭配上白色絲綢起司（莫札瑞拉起司的中間部分）的乳霜，與綠色羅勒油一起製成的醬汁，擺放作為增添酸味和美味要素的甜綠番茄。（料理的食譜配方→186頁）

[材料]

絲綢起司的乳霜

絲綢起司（stracciatella）*…200g

牛奶…50cc

檸檬汁…10cc

＊絲綢起司
莫札瑞拉起司的固態部分，添加鮮奶油混合而成。在莫札瑞拉起司中填入絲綢起司，就稱為布拉塔起司（Burrata）。

羅勒油

羅勒葉…30g

平葉巴西利葉…30g

橄欖油…300cc

[製作方法]

絲綢起司的乳霜

❶ 預備絲綢起司（Ph.1）。

❷ 將①、牛奶、檸檬汁放入果汁機（Ph.2），攪拌約10秒左右（Ph.3、4）。

❸ 以圓錐形網篩過濾（Ph.5），完成滑順的乳霜狀。

羅勒油

❶ 將羅勒葉、平葉巴西利葉放入果汁機，倒入溫熱成60℃的橄欖油（Ph.7）。

❷ 將①攪打3分鐘，用紙巾過濾（Ph.8）。

[POINT]

絲綢起司，也可以用莫札瑞拉起司和鮮奶油混拌的成品來替代使用。

烏賊和番茄上擺放沙拉，以醬料瓶將醬汁以線狀擠出。

烏賊／蘿蔔／黑米

蘿蔔泥的醬汁

從「雪見鍋（霙鍋）」的蘿蔔泥得到的啟發，呈現「烏賊和蘿蔔」美味的一道料理。用大量蘿蔔泥熬煮烏賊觸鬚和雞翅，凝聚濃縮的醬汁有著深刻的美味和香甜，令人無法忽視的存在。這款醬汁是在客人面前才澆淋在盛裝略烤過的烏賊、蘿蔔餅、黑米泡芙的容器上。（料理的食譜配方→186頁）

[材料]

烏賊觸鬚…5隻

雞（川俣鬥雞）的雞翅…1kg

蘿蔔…5根

葛粉水、鹽…各適量

[製作方法]

❶ 烏賊觸鬚用鹽揉搓後洗淨。雞翅洗去血塊。蘿蔔磨成泥（Ph.1）。

❷ 將①全部放入鍋中，加熱（Ph.2）。不覆鍋蓋地加熱，熬煮約1小時左右，濃縮成為1/4用量（Ph.3、4）。

❸ 用圓錐形網篩過濾②（Ph.5）。此時，用刮杓用力按壓榨出蘿蔔泥的精華（Ph.6）。

❹ 將③移至鍋內，加熱。加入葛粉水使其產生濃稠（Ph.7）以鹽調整風味完成製作（Ph.8）。

❺ 將一段蘿蔔挖空中央形成筒狀（用量外），蘿蔔筒中倒入④，在客人面前澆淋在料理上。

醬汁倒入挖空中央的蘿蔔容器，在視覺上也強調"蘿蔔"。

[POINT]

使用大量的蘿蔔泥，熬煮後釋出其清甜風味。

透抽／黃蜀葵

開心果油

目黑先生說「堅果與透抽很合拍」。市售的開心果油中加入烘烤過的開心果，成為濃郁
風味的自製油。利用自製油，混拌烤過的透抽、黃蜀葵、各種香草、香煎野生金針菇
等，完成簡單的沙拉。目黑先生：「榛果等，沒有特殊氣味也很容易搭配使用」。（料理
的食譜配方→187頁）

[材料]

開心果…50g
開心果油…200cc

[製作方法]

❶ 除去開心果外殼（Ph.1），帶皮的狀態下放入140℃的烤箱烘烤
　 30分鐘（Ph.2）。

❷ 將①的開心果放入果汁機，倒入開心果油（Ph.3），攪打約3分
　 鐘（Ph.4）。

❸ 將②以網目較粗的網篩過濾（Ph.5、6）。

[POINT]

用網目較粗的網篩過濾，使開心果的質地仍能保留。

花枝

紅椒原汁、蕪菁甘藍泥

柔軟的花枝切碎加入紅椒原汁,是一道簡單但風味深入的料理。紅椒的酸味和花枝的甘甜,恰如其分地平衡層疊的味道,還具有截斷蕪菁甘藍泥青澀味道的效果。金山先生說「在食材品質優異的現今,追求的正是『不過度依賴醬汁的美味』」,展現其思維的一道料理。(料理的食譜配方→187頁)

[材料]

紅椒原汁

紅椒…1個

紅椒水*…100cc

橄欖油…10cc

鹽…1小撮

＊紅椒水
新鮮紅椒放入慢磨蔬果機(slow juicer)中攪打,煮沸過濾而成。

蕪菁甘藍泥

蕪菁甘藍(rutabaga)、
奶油、鹽…各適量

[製作方法]

紅椒原汁

❶ 將紅椒切成四等分,在烤盤上將表皮烤出焦紋(Ph.1、2)。

❷ 將①、紅椒水、橄欖油、鹽放入專用袋內,使其成真空狀態(Ph.3)。放入88℃的蒸氣旋風烤箱(steam convection oven)中加熱1.5小時。

❸ 過濾②(Ph.4)。

蕪菁甘藍泥

❶ 在熱水中加入奶油和鹽煮沸(Ph.5)。放入適度地切分的蕪菁甘藍,煮至變軟。

❷ 將①連同少量煮汁一起放入料理機內攪打(Ph.6、7)。過濾(Ph.8)。

[POINT]

蕪菁甘藍和奶油一起燙煮,能使風味更加濃郁。

短爪章魚／山椒嫩芽

烏龍茶的醬汁

短爪章魚腳上混拌的醬汁材料是烏龍茶、味醂、乾香菇還原湯汁、雞高湯、鹽漬山椒粒…。乍看之下似無乎是漫無頭緒的組合，但其實是用味醂包覆烏龍茶的澀味、雞高湯的美味，中和山椒粒刺激的味道，平衡整體的美好滋味。同時也能享受到烏龍茶葉口感的一道料理。（料理的食譜配方→187頁）

[材料]

烏龍茶葉…30g

水…400cc

味醂…40cc

干邑白蘭地…20cc

豬高湯（→209頁）…200cc

乾香菇還原湯汁…100cc

葛粉水、鹽漬山椒粒…各適量

[製作方法]

❶ 在鍋中放入烏龍茶和水，加熱（Ph.1），煮至水分收乾（Ph.2）。

❷ 在①當中加入味醂、干邑白蘭地（Ph.3），加熱揮發酒精成分（Ph.4）。

❸ 從②當中挑出有損口感的烏龍茶梗（Ph.5）。

❹ 在③當中加入豬高湯、乾香菇還原湯汁（Ph.6），熬煮濃縮至剩1/2量（Ph.7）。

❺ 以葛粉水增加濃稠，大火煮沸。加入鹽漬山椒粒混拌（Ph.8）。

[POINT]

烏龍茶當中小小的茶葉尖正是口感的重點，所以留下少許在鍋中即完成。

文蛤／義式麵疙瘩

文蛤和油菜花醬汁、苦瓜的泡沫

初春當季的文蛤，以清一色的綠意完成的料理。文蛤原汁中加入油菜花泥，以大量奶油
融合整體製成的濃郁醬汁，最能搭配義式麵疙瘩。酒蒸文蛤表面擺放苦瓜泡沫，是提味
重點。生井先生：可以享受文蛤、油菜花、苦瓜，「苦味層次」及樂趣的一道料理。（料
理的食譜配方→188頁）

[材料]

文蛤和油菜花醬汁

日本酒…30cc

水…90cc

文蛤…5個

油菜花…1把

奶油…300g

芥花油、鹽…各適量

苦瓜的泡沫

苦瓜、文蛤原汁*、大豆卵
磷脂…各適量

＊文蛤原汁
酒蒸文蛤開口後，瀝出的汁液

[製作方法]

文蛤和油菜花醬汁

❶ 在鍋中倒入日本酒和水，煮沸，放進文蛤煮至開口（Ph.1）。

❷ 油菜花用鹽水燙煮，放入食物調理機內攪拌成泥狀（Ph.2）。

❸ 取①的液體放入鍋中加熱。融化奶油（Ph.3），加入②混拌（Ph.4）。

❹ 在③中邊淋上芥花油，邊用攪拌器混拌使其融合（Ph.5）。以鹽調整風
味，用手持攪拌棒攪打至均質（Ph.6）。

苦瓜的泡沫

❶ 加熱至180℃的沙拉油（用量外），將去籽切成圓片的苦瓜過油（Ph.7）。與
①的文蛤原汁一起放入料理機攪拌，以圓錐形網篩過濾（Ph.8）。

❷ 以手持攪拌棒攪打至產生泡沫。

[POINT]

苦瓜先過油才能製作出顏色鮮艷的泡沫醬汁。

孔雀蛤／花生

酸漿果的醬汁、羅勒油

具共同橘色系的孔雀蛤和酸漿果，正是初秋當季的展現，能烘托出孔雀蛤美味多汁的湯品。源自於目黑先生：「恰如其分的酸甜滋味，正如漿果一般」，所以使用的醬汁基底是番茄的清澄水（tomato clearwater）。飾以羅勒油、向日葵嫩芽、花生所完成色彩繽紛的成品。（料理的食譜配方→188頁）

[材料]

酸漿果的醬汁

番茄水

┌ 番茄…2kg
└ 鹽…10g

酸漿果…50顆

調味蔬菜高湯（→211頁）、
蜂蜜、葛粉水、鹽…各適量

羅勒油

羅勒葉…30g
平葉巴西利葉…30g
橄欖油…300cc

[製作方法]

酸漿果的醬汁

❶ 製作番茄水。切成大塊的番茄排放在方型淺盤上，撒上鹽（Ph.1）。覆蓋保鮮膜，放入100℃、濕度100%的蒸氣旋風烤箱（steam convection oven）中蒸1小時（Ph.2）。以紙巾過濾。

❷ 酸漿果以果汁機攪打成汁（Ph.4左）。

❸ ①、②、調味蔬菜高湯以1：1：0.7的比例混合，倒入鍋中（Ph.5）。以蜂蜜、鹽調味。

❹ 加熱③至沸騰，撈除浮渣（Ph.6）。加入葛粉水使其產生濃稠（Ph.7、8）。

羅勒油

❶ 在料理機內放入羅勒葉、平葉巴西利葉、加溫至60℃的橄欖油。

❷ 攪打①約3分鐘，用紙巾過濾。

[POINT]

香草類連同溫熱的油脂一起攪拌，可以提升香氣和色澤。

乾燥櫛瓜的酸甜漬

乾燥櫛瓜的高湯中，加入鹿兒島・加計呂麻島特產的甘蔗醋和黑糖醋，可以感覺到高田先生：「像蘿蔔乾一般」的甜味和美味的醬汁。以半開放式明爐烤箱（salamandre）加溫的赤貝，搭配著撒上像「醋甜薑」般的生薑和櫛瓜的小方塊，一旦加入熱醬汁時，利用餘溫讓赤貝受熱，呈現半熟狀態地完成。（料理的食譜配方→189頁）

[材料]

櫛瓜…適量
水…300cc
百里香…1枝
黑糖…15g
甘蔗醋…20～30cc
鹽…各適量

［製作方法］

❶ 櫛瓜切成圓片，放入85℃的蔬菜乾燥機（dehydrator）6小時，使其乾燥（Ph.1）。

❷ 在鍋中加入40g的①、水、百里香，煮至沸騰（Ph.2）。放入黑糖和甘蔗醋（Ph.3）熬煮，至櫛瓜釋出風味（Ph.4）。

❸ 將②熬煮濃縮至1/2量後，以鹽調整風味（Ph.5）。

❹ 用紙巾過濾③（Ph.6）。

[POINT]

為了充分釋出美味及其甘甜，櫛瓜確實使其乾燥至表面略呈焦糖化的程度。

牡蠣／茴香

茴香風味的法式高湯

在雞高湯中浸煮（infuser）茴香枝，製成風味濃重的湯品以搭配牡蠣。目黑先生：企圖以百里香的香氣和雞湯的美味來調合「有特定明顯好惡的食材」─牡蠣的風味。受熱極少的牡蠣上散放新鮮的茴香或柚子皮，再澆淋上熱湯，散發十足香氣的料理。（料理的食譜配方→189頁）

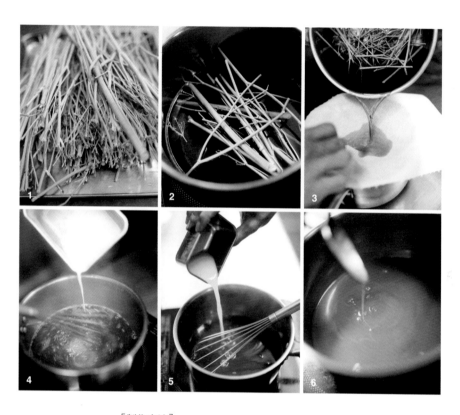

[材料]

茴香枝（乾燥）…50g

雞高湯（bouillon de poulet）（→210頁）…300cc

葛粉水、柚子汁、鹽、胡椒…各適量

[製作方法]

❶ 茴香枝洗淨後，晾乾備用（Ph.1）。

❷ 在鍋中放入雞高湯和①，加熱，保持80℃地浸煮（Ph.2）。以紙巾過濾（Ph.3）。

❸ 將②移至鍋中煮沸。撈除浮渣，加入葛粉水使其產生濃稠（Ph.4）。

❹ 將③的鍋子離火，添加柚子汁（Ph.5）。以鹽、胡椒調整風味（Ph.6）。

[POINT]

茴香枝在浸煮時會釋出苦味，因此液體的溫度不能過高。

牡蠣／銀杏

安可辣椒醬汁

雖然是小菜，但有強烈視覺衝擊，這是高田先生的牡蠣料理。左邊的盤上，包覆著燻製
牡蠣的是以不太辣的「安可辣椒」油炸後作為基底，加了黑大蒜、肉桂、紅椒、柿子等
混合而成的黑色醬汁。牡蠣的燻香與辛香料和果香的醬汁十分適合，再加上一粒油炸銀
杏。（料理的食譜配方→189頁）

[材料]

安可辣椒（chile ancho）*…100g

洋蔥…2個

肉桂棒…1/2根

黑大蒜…50g

柿子…50g

紅椒…150g

番茄碎（tomates concentrees）
…80g

紅味噌…25g

蔬菜高湯（bouillon de legumes）
（→208頁）

竹炭粉、橄欖油、鹽…各適量

＊安可辣椒
墨西哥產的乾燥辣椒。顏色紅黑，辣味
溫和且具有水果風味。

[製作方法]

❶ 預備材料（Ph.1）。紅椒烘烤去皮。安可辣椒以170℃的橄欖油直接油炸
（Ph.2）。

❷ 在壓力鍋中放入橄欖油，加入①、切薄片的洋蔥、肉桂棒拌炒（Ph.3）。

❸ 在②當中加入黑大蒜、切成小方塊的柿子、烘烤過的小方塊紅椒、番茄
碎、並拌炒（Ph.4）。

❹ 在③中放入紅味噌和蔬菜高湯（Ph.5），蓋妥鍋蓋煮約20分鐘（Ph.6）。

❺ 完成熬煮後（Ph.7），以料理機攪打。

❻ 將⑤移至鍋中，加熱略加熬煮。以鹽調整風味，加入竹炭粉混拌
（Ph.8）。

[POINT]

在塗抹至牡蠣上時，為避免醬汁流下，完成時儘可能使其呈現濃厚狀態。

牡蠣／紫菊苣／米

醬汁・莫雷

搭配牡蠣和紫菊苣苦味的醬汁，荒井先生的靈感是來自墨西哥的巧克力醬汁「莫雷Mole sauce」。共計使用7種辛香料，用油炒香，注入高湯熬煮出稠度，再添加亞馬遜可可，煮至溶化。荒井先生：「是風味複雜的醬汁，用於少量提味」。（料理的食譜配方→190頁）

[材料]

辛香料
┌ 孜然（cumin seed）
│ 荒菱籽（coriander seed）
│ 小荳蔻（cardamon）
│ 茴香籽（fennel seed）
│ 肉豆蔻皮（mace）
└ 葫蘆巴籽（fenugreek seed）…各20g
橄欖油…30cc
雪莉醋…30cc
巴薩米可醋…30cc
雞基本高湯（fond de volaille）
（→206頁）…300cc
亞馬遜可可*…20g
鹽…適量

＊亞馬遜可可
是料理家太田哲雄先生從南美輸入的公平貿易可可塊

[製作方法]

❶ 在鍋中加熱橄欖油，大火加熱。充分加熱後放入辛香料（Ph.1）拌炒（Ph.2）。

❷ 在①中添加雪莉醋和巴薩米可醋（Ph.3），略微熬煮（Ph.4）。

❸ 在②當中加入雞基本高湯（Ph.5），熬煮濃縮至半量（Ph.6）。

❹ 削切下亞馬遜可可。加入③當中，煮至溶化（Ph.7），過濾。以鹽調整風味完成製作（Ph.8）。

[POINT]

辛香料用大火炒出香氣，但要避免燒焦地短時間加熱。

牡蠣／豬耳朵／羽衣甘藍

牡蠣和白花椰菜的醬汁

生井先生：「確實加熱過的白花椰菜真是別具一格的美味」。白花椰菜泥、牡蠣和平葉巴西利油一起攪打製成泥狀，澆淋在煮成酸甜風味的豬耳朵和燙煮（pocher）的牡蠣上。上面覆蓋乾燥羽衣甘藍，邊混拌邊享用，可以品嚐到白花椰的甘甜和牡蠣的濃郁美味，融合為一。（料理的食譜配方→190頁）

[材料]

白花椰菜…2株
培根…30g
牡蠣…500g
白酒…100cc
雞基本高湯（fond de volaille）（→208頁）…90cc
平葉巴西利油*、奶油、橄欖油、鹽…各適量

＊平葉巴西利油
平葉巴西利放入橄欖油當中攪打過濾而成。

[製作方法]

❶ 在鍋中加熱奶油，放入切成薄片的白花椰菜（Ph.1）。避免燒焦地邊混拌邊使其出水（suer）（Ph.2）。

❷ 將①放入食物調理機內攪打（Ph.3）。

❸ 在另外的鍋中加熱橄欖油，拌炒切成細絲的培根，加入牡蠣（Ph.4）。放入白酒和雞基本高湯，溶出鍋底精華（déglacer）（Ph.5）。

❹ 以料理機攪打③（Ph.6）。

❺ 以7：2：1的比例混合②、④與平葉巴西利油，放入食物調理機內攪拌均勻（Ph.7、8）。

綠色的羽衣甘藍下方，呈現的是以平葉巴西利油上色的綠色泥狀。

[POINT]

白花椰菜確實加熱至呈現焦糖色，以釋出其甜味。

帆立貝／蕪菁／烏魚子

白乳酪和酒粕的醬汁、柚子泥

用白乳酪和酒粕混合的冰冷醬汁，混拌帆立貝和烏魚子，再搭配柚子泥或橄欖油享用的
一道料理。連同發酵食品白乳酪與酒粕的酸、甜、濃郁，層疊產生出複雜深層的風味。
醬汁放置1～2天讓味道融合後再使用。（料理的食譜配方→190頁）

[材料]

白乳酪和酒粕的醬汁

白乳酪（fromage blanc）
…100g
酒粕（獺祭）…30g
牛奶…100cc

柚子泥

柚子…5個
海藻糖（Trehalose）…120g
砂糖…60g
鹽…6g

[製作方法]

白乳酪和酒粕的醬汁

❶ 將白乳酪放在舖墊著紙巾的缽盆中，置放約2小時，瀝乾水分。
酒粕則攪和至柔軟備用（Ph.1）。

❷ 將①的白乳酪和酒粕放入容器內混合（Ph.2），以手持攪拌棒攪
打均勻（Ph.3）。

❸ 將②加入牛奶當中，攪拌，使其成為滑順的液狀（Ph.4）。

❹ 密封③，放置陰涼處1～2天使其融合入味。使用前再次以手持
攪拌棒略微攪打（Ph.5）。

柚子泥

柚子皮燙煮2次以去其苦味，連同其他材料一起用善美品多功能調
理機（thermomix）以90℃邊加熱邊攪拌（Ph.6）。

[POINT]

酒糟使用的是香氣十足的大吟釀酒粕。

乾燥干貝／油菜花／皺葉菠菜

雞和干貝的法式海鮮濃湯（Bisque）

雞翅高湯連雞骨一起放入料理機，製作出濃郁滑順的湯汁。在此混合了新鮮和乾燥2種
干貝搭配高湯，凝聚濃縮出山珍海味的「綜合湯汁」。用湯匙剝開在容器中央漂浮著的
皺葉菠菜，將填充在中間黑醋香炒的干貝和油菜花，浸泡在湯汁中享用。（料理的食譜
配方→191頁）

[材料]

雞高湯
┌ 雞翅（帶骨）…1kg
└ 昆布水*…1L
乾燥干貝的高湯
┌ 帆立貝裙…20個
│ 紅蔥頭…70g
│ 平葉巴西利的莖…4枝
│ 百里香…3枝
│ 苦艾酒（vermut）…40cc
│ 乾燥干貝的還原湯汁…500cc
└ 米糠油…適量
鹽…適量

＊昆布水
將昆布浸泡水中放置一晚，過濾而成

[製作方法]

❶ 製作雞高湯。混合雞翅和昆布水，以壓力鍋煮1小時（Ph.1）。

❷ 以善美品多功能調理機（thermomix）連同雞骨一起攪打
（Ph.2）。過濾。

❸ 製作干貝高湯。帆立貝裙以鹽搓揉清洗。

❹ 在鍋中加熱米糠油，放入切成薄片的紅蔥頭（Ph.4）。加入③，
以大火拌炒至水分揮發（Ph.5、6）。

❺ 在④當中加入平葉巴西利莖、百里香、苦艾酒，倒入乾燥干貝
的還原湯汁，熬煮15分鐘（Ph.7）。過濾（Ph.8）。

❻ 少量逐次加入等量②的雞高湯和⑤的乾燥干貝高湯，以鹽調整
風味。用手持攪拌棒攪打均勻。

[POINT]

連同雞翅一起攪打，製作出濃郁的高湯。

海膽／豬皮

紅椒泥、海膽美乃滋

撒了紅椒粉的炸豬皮，其下隱藏著新鮮海膽及二種醬汁。醬汁之一是紅椒泥，另一種則是添加了過濾的鹽漬半乾燥海膽所自製的美乃滋。這些混合起來之後，建議可以像蘸醬般地連同酥脆的豬皮一起享用。（料理的食譜配方→191頁）

[材料]

紅椒泥

紅椒…5個
雪莉醋…30cc
細砂糖…50g
鮮奶油…90cc
干邑白蘭地、鹽…各適量

海膽美乃滋

海膽…100g
美乃滋（自製）…50g
鹽…適量

[製作方法]

紅椒泥

❶ 紅椒以300℃的烤箱烘烤30～40分鐘（Ph.1）。

❷ 以料理機攪打①，以鹽和雪莉醋調味。

❸ 另取一鍋放入細砂糖，以大火加熱，製作焦糖。確實呈現焦色後，加入鮮奶油降溫（Ph.2）。加入干邑白蘭地並使酒精成分揮發。

❹ 在③當中加入②（Ph.3），以手持攪拌棒攪打（Ph.4）。

海膽美乃滋

❶ 海膽撒上緊實作用的鹽分（Ph.5），置於冷藏室3天。

❷ 用流動的水清洗①，擦乾水分（Ph.6）。置於冷藏室3天使其乾燥。

❸ 充分地排出②的水分後，過濾使其成為泥狀（Ph.7），加入美乃滋中混拌（Ph.8）。

揭開豬皮之後，即呈現出色彩鮮艷的醬汁和三色菫，賞心悅目。

[POINT]

海膽利用冷藏室的風，讓水分確實揮發。

第三章

魚料理與
醬汁

魚料理很難呈現出製作者的個性——
這個說法已過去。
在自由發想之下，醬汁的選擇性增加，
可以完成令人印象深刻的料理。

嘉鱲魚／羽衣甘藍

鯛魚和油菜花的湯

是以「水潤蒸鯛魚的美味膠質」為主題的一道料理。用鯛魚製作的魚高湯，和油菜花製作的湯品，完成時用香草油和法式混合香草（fines herbes）來豐富其香氣。湯汁中也可以用羽衣甘藍來代替油菜花，目黑先生：「此時添加松露，也可以使風味更加濃郁，也很美味」。（料理的食譜配方→192頁）

[材料]

魚高湯
┌ 鯛魚中央的魚骨…5條
│ 昆布…10g
└ 水…1L
油菜花…200g
調味蔬菜高湯（→211頁）…50cc
平葉巴西利油*…5cc
法式混合香草、檸檬汁、
鹽、胡椒…各適量

＊平葉巴西利油
平葉巴西利60g，和加溫至60℃的橄欖油300g一起放入料理機攪打均勻後過濾

[製作方法]

❶ 製作魚高湯。清潔鯛魚骨，撒鹽放置10分鐘（Ph.1）。

❷ 將①以熱水燙至表面變白。邊浸泡冷水邊除去血水處（Ph.2）

❸ 將②、昆布、水放入鍋中，加熱。沸騰後邊撈除浮渣，邊以小火加熱30分鐘（Ph.3），過濾。

❹ 把③放入鍋中，熬煮濃縮至成為1/2～1/3量（Ph.4）。

❺ 僅將油菜花葉部分汆燙鹽水並浸泡冰水，定色（Ph.5）。擰乾水分。

❻ 將④和⑤放入果汁機攪打（Ph.6）。用網目較粗的圓錐形網篩過濾。

❼ 在⑥下方墊放冰水使其急速冷卻。用調味蔬菜高湯調整濃度，以鹽和胡椒調整風味（Ph.7）。

❽ 在送至客人面前，在⑦當中加入平葉巴西利油、法式混合香草、檸檬汁並加溫（Ph.8）。

[POINT]

油菜花莖一旦加入，會使得水分過多，所以僅使用葉片。

黑橄欖、糖漬檸檬、乾燥番茄、鯷魚

以鮮度為勝負關鍵且容易受損的銀魚，「正因如此所以想要挑戰一試的食材」目黑先生如此表示。用令人回想起當初工作的南法，100%橄欖醬汁混拌銀魚，烘托出更加明顯的鹹味和濃香。連同檸檬、鯷魚、番茄一起盛入熱盤中，覆蓋上香煎的皺葉甘藍，作為溫沙拉地提供給顧客。（料理的食譜配方→192頁）

[材料]

黑橄欖泥
┌ 黑橄欖（鹽漬）…50g
└ 橄欖油…200cc
糖漬檸檬（citron confit）、
乾燥番茄、鯷魚…各適量

[製作方法]

❶ 製作黑橄欖泥。黑橄欖去核切成適當的大小（Ph.1）。

❷ 將①放入50℃的乾燥機或烤箱內烘乾24小時（Ph.2、3）。

❸ 把②與橄欖油放入果汁機內攪打5分鐘。過程中適度地補足橄欖油以調整濃度（Ph.4）。

❹ 以網目較粗的網篩，過濾③。使用刮刀將固態材料壓濾（Ph.5）。

❺ 混拌至全體均勻（Ph.6）。

❻ 在完成送給客人之前，將⑤澆淋在銀魚（→192頁）上，混拌（Ph.7）。

❼ 將糖漬檸檬、乾燥番茄、鯷魚（Ph.8）各切成適當的大小，用於料理完成時。

[POINT]

橄欖以低溫乾燥，製成半乾燥狀態後再製成泥狀。

銀魚／大葉玉簪嫩芽

番茄和甜菜的清湯、及高湯凍

銀魚、大葉玉簪嫩芽、醃梅泥、粉紅、白色雙色花穗，可愛的顏色組合而成的鮮艷紅色
醬汁。用番茄的清澄水熬煮出甜菜高湯。充滿著美味、甘甜略帶土味的這款醬汁，除了
可以直接使用，還可以用紅芋醋和油脂使其乳化後，成為凍狀使用。同樣的醬汁不同狀
態的趣味，使用範圍更為擴大。（料理的食譜配方→192頁）

[材料]

番茄和甜菜的清湯
番茄水
┌ 番茄…2kg
└ 鹽…24g
甜菜…30g

番茄和甜菜的高湯凍
番茄和甜菜的清湯…400cc
洋菜（agar-agar）…20g
紅芋醋、米糠油…各適量

[製作方法]

番茄和甜菜的清湯

❶ 製作番茄水。番茄汆燙去皮切成大塊，撒上鹽。在冷
藏室內靜置一夜（Ph.1）。

❷ 用料理機攪打①，倒入舖有2層紙巾的濾網上（Ph.2）。
不施壓地等待液體自然滴落。

❸ 將250cc的②倒入鍋中，加入切成薄片的甜菜，加熱
（Ph.3）。沸騰後撈除浮渣，熬煮濃縮至甜菜的顏色和
香氣融入湯汁為止（Ph.4）。過濾（Ph.5）。

番茄和甜菜的高湯凍

❶ 將「番茄和甜菜的清湯」加溫至90℃後，放入洋菜，
以攪拌器充分混拌（Ph.6）。移至缽盆中，墊放冰水
急速冷卻。

❷ 待①凝固後，加入紅芋醋使其軟化，加入米糠油再以
料理機攪拌至乳化（Ph.7、8）。

在客人面前倒入溫
熱醬汁，品嚐略帶
溫熱口感的銀魚。

[POINT]

番茄前一天先撒鹽靜置，可以大幅縮短過濾取得番茄水的時間。

白蘆筍的芭芭露亞

以雞高湯煮至柔軟的白蘆筍，用冷凍粉碎調理機（Pacojet）攪打，混拌鮮奶油等製成芭芭露亞。融合煙燻鮭魚的鹹味和油脂，與魚子醬的鹽香美味，搭配入口即化的白蘆筍芭芭露亞，生井先生：「實在是以醬汁為主角」的一道料理。（料理的食譜配方→193頁）

[材料]

白蘆筍…1kg

雞基本高湯（fond de volaille）（→209頁）…200cc

牛奶…180cc

板狀明膠…10g

鮮奶油、奶油、鹽…各適量

[製作方法]

❶ 在白蘆筍尖約5cm處切下，其餘切成長2cm的長度（Ph.1）。白蘆筍尖則取下用於料理。

❷ 在鍋中加熱奶油，放入①加熱。倒入雞基本高湯，燜煮（étuver）20分鐘左右（Ph.2）。

❸ 待②的白蘆筍變軟後，加入牛奶（Ph.3），以鹽調整風味。放入冷凍粉碎調理機（Pacojet）專用容器內冷凍（Ph.4）。

❹ 用冷凍粉碎調理機攪打③，移至鍋中加熱。

❺ 少量逐次地將④倒入放有以水還原的板狀明膠缽盆中，溶化明膠（Ph.5）。再次放入最初的缽盆中，混拌全體。缽盆下墊放冰水邊混拌（Ph.6）。

❻ 將6分打發的鮮奶油分幾次加入⑤當中，混拌（Ph.7）。

❼ 將⑥裝入虹吸氣瓶內，填充氣體。在供餐前才從虹吸氣瓶中擠出來（Ph.8）。

[POINT]

白蘆筍的表皮會釋出風味，所以不去皮地直接使用。

櫻鱒／小蕪菁／紫洋蔥

山茼蒿泥、糖煮枇杷

煙燻鮭魚佐山茼蒿泥和糖煮枇杷。雖然山茼蒿泥的作法很簡單，但金山先生表示「一旦冷卻後風味銳減就會功虧一潰。在使用前完成，常溫地使用是絕對必要的條件」。漂著小荳蔻（cardamon）香氣的糖煮枇杷，也可說就是「固態的醬汁」。爽脆的口感和香料的甘甜，正是其特殊之處。（料理的食譜配方→193頁）

［材料］

山茼蒿泥
山茼蒿…1把
小蘇打…5g
鹽…少量

糖煮枇杷
枇杷…2個
細砂糖…25g
水…80cc
小荳蔻籽、檸檬汁…各適量

［製作方法］

山茼蒿泥
❶ 以添加了小蘇打和鹽的大量熱水燙煮山茼蒿（Ph.1）。使山茼蒿的纖維鬆動軟化（Ph.2），取出後浸泡冰水，定色。留下煮汁備用。
❷ 將①與少量煮汁一同放入果汁機攪拌，製成泥狀（Ph.3）。

糖煮枇杷
❶ 枇杷去皮去核。
❷ 在鍋中放入細砂糖和水煮至沸騰，放置冷卻備用。
❸ 切碎小荳蔻籽（Ph.4）。
❹ 將①、②、③和檸檬汁放入專用袋內（Ph.5），抽出使其成真空狀態。放入冷藏1日（Ph.6）。

［POINT］

加入小蘇打可以讓山茼蒿在短時間內變得容易軟化。

鱒魚／鱒魚卵

煙燻奶油 beurre battue fumé

目黑先生說「想試著用麥稈燻製煙燻鮭魚看看」，因為這會比直接加熱燻製更容易控制
其狀態，換個思維發想地「以麥稈燻製奶油」來製作醬汁，搭配醋漬燻鮭魚。醬油高湯
醃漬鱒魚卵盛放在四方竹容器內，澆淋上散發著麥稈清香的醬汁和蝦夷蔥油後完成。
（料理的食譜配方→193頁）

[材料]

奶油（無鹽）…200g
麥稈…適量
調味蔬菜高湯（→211頁）
　…300cc
鮮奶油…100cc
檸檬汁、胡椒、鹽…各適量

[製作方法]

❶ 奶油切成1cm左右的厚度放在網架上，於冷凍室冷卻備用（Ph.1）。
❷ 麥稈填放在18公升的鐵罐內，放入熱炭，再覆蓋上麥稈（Ph.2、3）。
❸ 待冒煙後，將①放置奶油的網架，架放在上方（Ph.4），用方型淺盤覆蓋（Ph.5）。煙燻30秒左右後取出（Ph.6）。
❹ 混合③的奶油、調味蔬菜高湯、鮮奶油後，放入鍋中，加熱（Ph.7）。
❺ 融化奶油至噗噗地冒出油泡後，以鹽和胡椒調整風味。
❻ 以手持攪拌棒攪打至均勻⑤，擠些檸檬汁完成（Ph.8）。

[POINT]

開始煙燻前先充分冷卻緊實奶油。

鯧魚／韭蔥／金橘

白波特酒的醬汁

烤過的鯧魚，搭配添加了奶油並以胡椒增加香氣、簡單的白波特酒醬汁。魚料理當中，魚高湯醬汁是一貫的作法，金山先生說「這是適合味道香氣較為不足的魚類」。鯧魚有著非常紮實的美味和香氣，因此均衡地使用以不影響美味，更提升香氣的醬汁。（料理的食譜配方→194頁）

［材料］

白波特酒…34cc
白胡椒粒…3g
奶油…8g
橄欖油、鹽…各適量

［製作方法］

❶ 預備材料（Ph.1）。在鍋中倒入白波特酒，加熱（Ph.2）。
❷ 撒入研磨的白胡椒粒（Ph.3），熬煮濃縮至1/4量。
❸ 在②當中加入奶油（Ph.4），輕輕混拌。以鹽調整風味。
❹ 在送餐前加入橄欖油（Ph.5）。不需乳化以分離狀態地使用（Ph.6）

［POINT］

添加奶油後，不要過度混拌地，使其融合即可。

鯧魚／馬鈴薯／孔泰起司（Comté cheese）

番紅花風味的鯧魚原汁

用鯧魚魚雜煮出的高湯，添加蘑菇、黃葡萄酒、番紅花等熬煮出香味馥郁的醬汁，用以搭
配香煎（poêlé）鯧魚。雖然是法式料理般分量十足的醬汁，但是用手持攪拌棒，打出飽含
空氣的輕盈口感。孔泰起司的美味和鹹香更具提味效果。（料理的食譜配方→194頁）

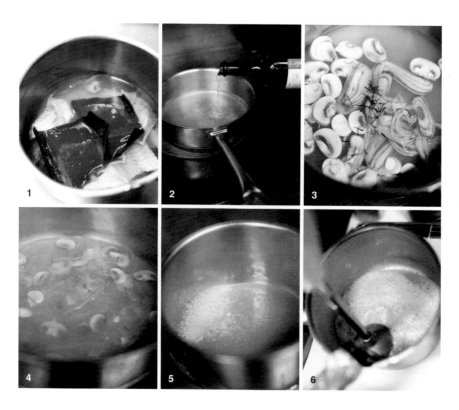

［材料］

鯧魚的魚湯
┌ 鯧魚魚雜…1條的量
└ 昆布水*…300cc
番茄水*…140cc
黃葡萄酒（vin jaunes）…80cc
紅蔥頭…40g
蘑菇…35g
番紅花…0.1g
橄欖油…100cc
鹽…適量

＊昆布水
浸泡昆布一夜的水
＊番茄水
番茄用料理機攪打，不經壓榨地以
紙巾靜置一夜過濾而成

［製作方法］

❶ 製作鯧魚魚湯。鯧魚魚雜用熱水汆燙後以流水清洗乾淨。

❷ 將①以昆布水煮約10分鐘（Ph.1），用紙巾過濾。

❸ 將②放至鍋中，加入番茄水、黃葡萄酒加熱（Ph.2）。放進切成
薄片的紅蔥頭、蘑菇，以及番紅花（Ph.3），熬煮濃縮至1/2量
（Ph.4），過濾。

❹ 將③放至鍋中，熬煮濃縮至產生濃稠（Ph.5）。以鹽調整風味，
加入橄欖油，以手持攪拌棒攪打出泡沫狀（Ph.6）。

［POINT］

使用大量黃葡萄酒可以讓完成時香氣更佳。

星鰻／塊根芹（celeriac）

可可風味的紅酒醬汁

星鰻和紅酒醬汁的組合，這個發想是源自法國傳統紅酒燉煮鰻魚「matelote」。「希望星鰻具有燒烤香氣」的考量之下，將魚和醬汁各別製作，在容器上加以組合完成。醬汁在完成時添加了巧克力，是為使星鰻燒烤過的微苦與可可的苦甜融合為一。（料理的食譜配方→194頁）

［材料］

紅葡萄酒…150cc

雪莉醋…50cc

雞高湯（Bouillon de poulet）（→210頁）…90cc

雞原汁（Jus de poulet）（→210頁）…60cc

調味蔬菜高湯（→211頁）…20cc

奶油…30g

覆蓋巧克力（可可成分70%）…39g

鹽、胡椒…各適量

［製作方法］

❶ 紅葡萄酒和雪莉醋放入鍋中，加熱（Ph.1）。熬煮濃縮至產生光澤為止（Ph.2）。

❷ 在①當中加入雞高湯、雞原汁、調味蔬菜高湯、奶油（Ph.3）。邊混拌邊輕略加熱煮（Ph.4）。

❸ 在②當中加入調溫巧克力，煮至溶化（Ph.5、6）。以鹽和胡椒調整風味，過濾（Ph.7、8）。

［POINT］

藉由確實熬煮和最後過濾，完成濃郁且滑順的成品。

看起來濃重彷彿秋冬季節般的醬汁，與夾在當中的塊根芹充分融合。

鰻魚／松露

發酵菊芋和松露的醬汁

荒井先生自製「印象曾在荷蘭吃過」的發酵菊芋，活用在醬汁當中。鹽醃後真空二週使其發酵的菊芋，用雞高湯略煮後，以松露增添香氣。這個醬汁倒在菊芋的蒸蛋上，再擺放香煎（poêlé）燻製鰻魚。發酵菊芋的發酵氣味及酸味，使得鰻魚更加爽口。（料理的食譜配方→195頁）

[材料]

發酵菊芋
- 菊芋…3個
- 鹽…菊芋重量3%的量

雞高湯（→206頁）…150cc

葛粉水、松露、鹽…各適量

[製作方法]

❶ 製作發酵菊芋。在菊芋上撒食鹽，放入專用袋內使其成為真空狀態。置於常溫中約二週使其發酵（Ph.1）。

❷ 除去①的發酵菊芋皮，切成小方塊（Ph.2、3）。

❸ 在鍋中倒入雞高湯，熬煮濃縮至1/2量（Ph.4），加入葛粉水使其濃稠（Ph.5）。

❹ 在③中加入②，加溫（Ph.6），撒放切碎的松露（Ph.7）。以鹽調整風味完成製作（Ph.8）。

[POINT]

為避免松露的香氣揮發，完成前才撒放。看起來宛如巧克力般，可以用蠑螺肝來調整其濃度及風味。

烤茄子冷製粉末、濃縮咖啡油

迴遊鰹魚和秋茄的組合。表皮烘烤出烤紋的鰹魚在溫熱的狀態下盛盤，滴淋上濃縮咖啡油（espresso oil），秋茄泥以液體氮氣使其結凍後，敲碎成粉狀撒在表面。希望藉由冰凍粉末營造出「稻燒鰹魚」的感覺。濃縮咖啡油是使用茄子和濃縮咖啡帶著苦味的義式點心，所得到的靈感。（料理的食譜配方→195頁）

[材料]

烤茄子的冷製粉末

茄子…300g

大蒜…1瓣

鰹魚…10g

雞高湯（Bouillon de poulet）

（→210頁）…200cc

調味蔬菜高湯（→211頁）…50cc

鮮奶油…50cc

雪莉醋…30cc

鹽、胡椒…各適量

濃縮咖啡油

濃縮咖啡…50cc

咖啡油…30cc

增稠劑（Toromeiku）…1g

[製作方法]

烤茄子的冷製粉末

❶ 直火燒烤茄子後剝去表皮。

❷ 除去大蒜皮膜，用牛奶煮開。

❸ 將①、②、鰹魚放入果汁機內（Ph.1），加入雞高湯後攪打。用圓錐形網篩過濾（Ph.2）。

❹ 在③當中加入鮮奶油和雪莉醋（Ph.3）。以鹽和胡椒調整風味。

❺ 將④裝入虹吸氣瓶內，填充氣體。浸泡於冰水中使其冷卻備用。

❻ 在耐熱容器中注入液體氮氣，將⑤擠於其中（Ph.4）。會瞬間結凍，所以用攪拌器粗略地攪碎（Ph.5、6）。放入食物調理機中打成粉末狀（Ph.7）。

濃縮咖啡油

❶ 沖泡濃縮咖啡。

❷ 在①當中倒入咖啡油（Ph.8），加進增稠劑混拌。

[POINT]

烤茄子的冷製粉末是利用液體氮氣冷卻凝固後再攪碎，製成輕盈滑順的粉末。

鯖魚／青蘋果

鯖魚和乳清的醬汁

乳清的酸味、乾式熟成牛肉（dry-aged beef）的脂肪所製成牛脂的甘甜和濃郁，與鯖魚骨的美味平衡得恰到好處，能夠製作出風味溫和穩定的醬汁。在熬煮鯖魚骨時，為了能有效率地釋放其風味，在前一晚先製成一夜干。確實烘烤出烤紋的鯖魚，搭配上醬汁佐以青蘋果（granny smith）。（料理的食譜配方→195頁）

[材料]

鯖魚骨*…1條的用量
鮮奶油…100cc
乳清（whey）…100cc
熟成牛脂*…30g
鹽…適量

＊鯖魚骨
鯖魚三片切開後的中間魚骨
＊熟成牛脂
從乾式熟成牛肉（dry-aged beef）的
黑毛和牛脂肪中，取出的自製牛脂

[製作方法]

❶ 鯖魚骨放置於通風處一晚製成一夜干（Ph.1）。切成適當的大小以直火燒炙（Ph.2）。

❷ 在鍋中煮沸鮮奶油（Ph.3），乳清和熟成牛的脂肪（Ph.4）一併加入（Ph.5）。

❸ 在②當中加入①，熬煮出風味（Ph.6）。過濾以鹽調整風味。

[POINT]

燒炙鯖魚骨，使香氣能溶入醬汁當中。

紅金眼鯛

青豆、金針菇、櫻花蝦的醬汁

紅金眼鯛多汁美味的另一面，目黑先生表示「盛盤後流出的水分，感覺會稀釋了醬汁」。在此，直接油炸得酥脆的櫻花蝦、青豆、野生金針菇，以調味蔬菜高湯燙煮，考慮製作出具潤澤感，「像配菜般的醬汁」。盛盤時這款醬汁會吸收紅金眼鯛的水分，使風味更加豐富。（料理的食譜配方→196頁）

[材料]

櫻花蝦（冷凍）…50g

低筋麵粉…適量

金針菇（野生）…50g

黃葡萄酒…30cc

調味蔬菜高湯（→211頁）
…30cc

青豆…20g

平葉巴西利…2g

檸檬汁、米糠油、
奶油、鹽…各適量

[製作方法]

❶ 蝦花蝦粗略地切碎（Ph.1）。

❷ 在①的缽盆中撒入低筋麵粉（Ph.2）。以160℃的米糠油進行油炸（Ph.3）。櫻花蝦的顏色移轉至油脂當中，油脂當中的氣泡變小時，離火（Ph.4）。以圓錐形網篩過濾瀝乾油脂。

❸ 將②瀝出放至舖有紙巾的方型淺盤中，以低溫烤箱等加溫，再次釋出油脂（Ph.5）。

❹ 在鍋中加熱奶油，拌炒切下莖部的金針菇。

❺ 在④當中加入黃葡萄酒，煮過後加入調味蔬菜高湯。

❻ 在⑤當中加入③、煮過的青豆仁、切碎的平葉巴西利、檸檬汁，再次加熱（Ph.6）。

❼ 熬煮濃縮至⑥的水分收乾（Ph.7、8），以鹽調整風味。

[POINT]

使油炸過的櫻花蝦中能飽含水分，製成具有濃度的膏狀醬汁。

馬頭魚（tilefish）／菇類粉末

和栗泥

以糕點蒙布朗為題材的秋季魚料理。烤得噴香的馬頭魚鱗像是蒙布朗的底座般，疊放上煎香菇。表面大量擠上用和栗和水完成的膏狀和栗泥，撒放菇類粉末完成。目黑先生說「既不是甜的也不是鹹的，單純地傳遞出栗子泥美味的料理」。（料理的食譜配方→196頁）

［材料］

栗子（和栗）…10～12個
水…500cc

［製作方法］

❶ 剝除栗子的外皮及澀皮（Ph.1）。澀皮取下備用。

❷ 將①的栗子放入袋內使其成真空狀態。放入95℃、濕度100%的蒸氣旋風烤箱內加熱2小時（Ph.2）。

❸ 將①的澀皮放入平底鍋內，拌炒至產生香氣、上色後，放入200℃的烤箱烘烤15～30分鐘（Ph.3）。

❹ 在鍋中注入水，再放入③加熱（Ph.4）。沸騰後再煮約5分鐘，過濾（Ph.5）。

❺ 將②和④以果汁機攪打（Ph.6、7）後，過濾（Ph.8）。

❻ 將⑤填放至裝有入蒙布朗專用擠花嘴的擠花袋內。

栗子泥不過度柔軟地完成就是要領。以糕點製作專用的蒙布朗擠花嘴來絞擠。

［POINT］

栗子要製作出具黏性的泥狀，使用的是和栗。

馬頭魚（tilefish）

魚白子湯、黃色蕪菁泥

用昆布高湯燙煮魚白子以少量白醬油調味，再用料理機攪打，荒井先生：「濃稠液狀魚白子」作為醬汁，能品嚐出馬頭魚鱗燒美味的一道料理。容器底部舖放以鰹魚高湯炊煮的黃蕪菁泥等，使整體融合成日式風味，但擺盤採用西式風格，組合成意外的演出。
（料理的食譜配方→196頁）

[材料]

[製作方法]

魚白子湯

鱈魚的白子…250g

昆布水*…300cc

白醬油、薑汁、鹽…各適量

＊昆布水

昆布浸泡水中一夜過濾而成

黃色蕪菁泥

黃色蕪菁、鰹魚片

…各適量

魚白子湯

❶ 煮沸鹽水（用量外），燙熟鱈魚白子表面（Ph.1）。浸泡在冰水中急速冷卻，洗去表面的黏稠（Ph.2）。

❷ 昆布水放入鍋中加熱。在沸騰前放入①，邊保持溫度邊撈除浮渣約燙煮2分鐘（Ph.3）。以鹽和白醬油調整風味。

❸ 以食物調理機攪打②，再次放入鍋中加溫。淋上薑汁（Ph.4）。用手持攪拌棒打發。

黃色蕪菁泥

❶ 黃色蕪菁去皮，切成半月形。外皮取下備用。

❷ 將①的皮和水（用量外）放入鍋中，煮至沸騰（Ph.5）。

❸ 在②當中加入鰹魚片（Ph.6），轉為小火煮至鰹魚片沈入鍋底。過濾。

❹ 將③放入鍋中，加入①的黃色蕪菁，煮至柔軟（Ph.7）。

❺ 將④的蕪菁取出，以叉子背面按壓成泥狀（Ph.8）。

[POINT]

白子避免過度受熱地，用90℃左右的熱水僅燙煮表面，使其凝固。

七星斑／乾香菇／帆立貝

乾香菇和焦化奶油的醬汁

乾香菇連同還原湯汁一起熬煮縮濃的美味精華，搭配膠質豐富七星斑的組合。醬汁完成
前加入迷迭香，並加入熱熱的焦化奶油，最後再加入檸檬汁，可以明顯地感受香氣四
溢。用菠菜捲起法式香菇碎（duxelles）佐帆立貝脆片。（料理的食譜配方→197頁）

[材料]

乾香菇…30個

水…8〜10L

小牛基本高湯（fond de
veau）（→210頁）…100cc

奶油…150g

檸檬汁…20cc

迷迭香…2枝

奶油（完成時使用）、
鹽…各適量

[製作方法]

❶ 乾香菇浸泡在水中一夜（Ph.1）。

❷ 將①連同還原湯汁一起移至鍋中，加熱（Ph.2）。不覆鍋蓋地加
熱約2小時左右，熬煮濃縮成1/4量。加入小牛基本高湯繼續熬
煮（Ph.3）。

❸ 在平底鍋中加熱奶油，製作焦化奶油（Ph.4）。

❹ 在②當中一次加入③的全部用量（Ph.5）。加入檸檬汁和迷迭
香，再繼續熬煮（Ph.6）。待煮至充分濃縮至濃稠時，過濾。

❺ 將④移至小鍋中，加熱（Ph.7）。以鹽調整風味，加入完成時使
用的奶油，輕輕使其融合（Ph.8）。

[POINT]

香菇的還原湯汁熬煮成帶紅色的深茶色，以凝聚濃縮風味。

石斑魚／大豆／蛤蜊

魚乾的醬汁

高田先生現在仍在探索中，想更靈活運用「乾貨」主題的料理。乾燥的大豆、小沙丁魚乾、乾香菇等日本傳統乾貨，與雞肉一同放入壓力鍋內，燉煮至成為具濃度的膏狀。各種美味的要素與大豆的鬆軟甘甜，充滿復古情懷的醬汁，大量澆淋在用昆布高湯進行燙煮（pocher）完成的石斑魚上，撒上蛤蜊和煮大豆。（料理的食譜配方→197頁）

[材料]

大豆（乾燥）…200g

小沙丁魚乾…30g

雞胸肉…50g

乾香菇的還原湯汁…300cc

水…200cc

鹽…適量

[製作方法]

❶ 材料的事前處理（Ph.1）。大豆浸泡水中一夜還原。小沙丁魚取下魚腹和魚頭、乾香浸泡水中還原，僅使用還原湯汁。雞胸肉切成適當大小（Ph.2）。

❷ 將全部的①和水放入壓力鍋內（Ph.3），蓋上蓋子加熱。煮約25分鐘（Ph.4）。

❸ 將②的壓力鍋洩壓，打開鍋蓋，確認材料是否煮至外形已崩解（Ph.5）。

❹ 以料理機攪打（Ph.6），用圓錐形網篩過濾（Ph.7），再次加熱以鹽調整風味（Ph.8）。

[POINT]

也可以加入乾燥大豆的還原湯汁。

比目魚

蜂斗菜和洛克福起司濃醬

目黑先生：「探尋蜂斗菜享用方法的結果，終於製作出的濃醬」。蜂斗菜和行者蒜切碎
確實拌炒後，混合藍紋起司和干邑白蘭地，提引出後韻的苦味和香濃。去皮烤香的比目
魚和醬汁，最直接美味的表現同時呈現在一道料理中。（料理的食譜配方→197頁）

[材料]

洛克福起司（roquefort）
…150g
干邑白蘭地…90cc
蜂蜜…40g
蜂斗菜…200g
行者蒜（紫蒜）…100g
檸檬汁
調味蔬菜高湯（→211頁）、
橄欖油、鹽、胡椒…各適量

[製作方法]

❶ 混合洛克福起司、干邑白蘭地、蜂蜜（Ph.1），用手持攪拌棒攪
　打均勻（Ph.2）。

❷ 蜂斗菜切碎（Ph.3、4）。行者蒜也同樣切碎。

❸ 橄欖油放入鐵氟龍加工的平底鍋中加熱，拌炒②的蜂斗菜
　（Ph.5）。待上色後加入行者蒜，以鹽調整風味。

❹ 將③的平底鍋離火，加入①（Ph.6）。再次加熱，以小火續煮
　（Ph.7）。

❺ 待④的水分揮發，油脂分離後，加入檸檬汁和調味蔬菜高湯，
　撒上胡椒完成製作（Ph.8）。

[POINT]

蜂斗菜確實以油脂拌炒，使苦味消失提引出美味。

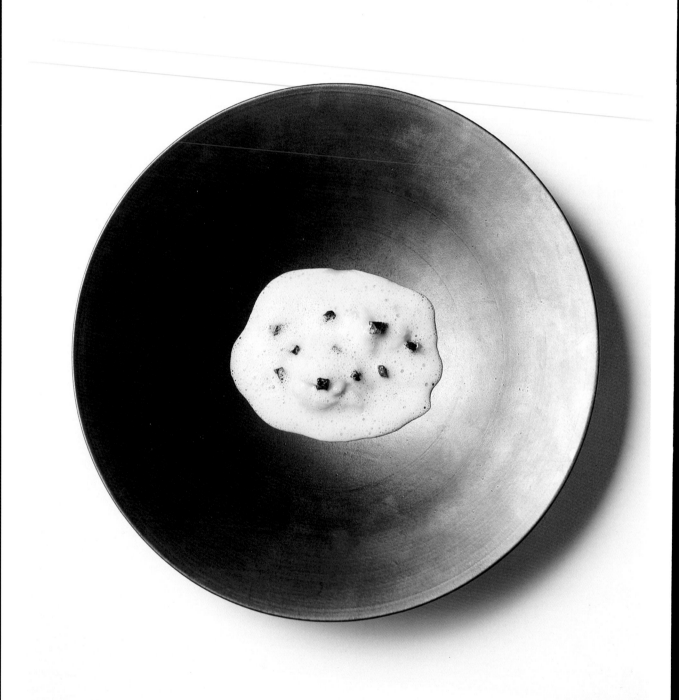

魚白子／地瓜／米

自製發酵奶油

在料理中放入各式各樣自家發酵食品的生井先生。在此活用的是，混合優格和鮮奶油使
其發酵的自製發酵奶油，所製作而成的醬汁。表面略為烘烤的魚白子放入香甜地瓜的燉
飯中，使其融合為一盛盤，澆淋上這款「生井先生說：孕育出自然酸味和香氣」的發酵
奶油醬汁。（料理的食譜配方→198頁）

[材料]

發酵奶油
┌ 優格…500g
│ 鮮奶油（乳脂肪成分47%）
│ …2L
└
牛奶…150cc

[製作方法]

❶ 混合優格和鮮奶油（Ph.1上）。置於常溫中一週使其發酵，使其
成為照片下方般凝固的乳霜狀態（Ph.1下）。

❷ 若①的發酵奶油表面產生黴菌時，將其乾淨地除去。

❸ 將150g的②，和牛奶放入鍋中（Ph.2、3），以刮杓邊混拌邊加
溫至即將沸騰（Ph.4）。

❹ 將③以手持攪拌棒打發成泡沫狀。（Ph.5、6）。

[POINT]

在保存自製發酵奶油時，可以真空冷凍保存。

魚白子

魚白子的薄膜

品嚐風味纖細的鱈魚白子時，認為「將白子本身製成醬汁即可」的高田先生。以日本酒和蛤蜊高湯燙煮白子後製成膏狀，再以明膠使其成為扁平凝固的狀態。以法式燉煮的白子表面覆蓋上具彈性薄膜狀的慕斯，使得主要食材與醬汁風味融合為一，正是此道料理最大的魅力。(料理的食譜配方→198頁)

[材料]

紅蔥頭…30g

日本酒…50cc

蛤蜊原汁*…250cc

鱈魚白子…50g

板狀明膠…2片

鹽…適量

＊蛤蜊原汁
用少量的水和酒，蒸煮蛤蜊後過濾完成

[製作方法]

❶ 切碎的紅蔥頭和日本酒、鹽在鍋中加熱至沸騰（Ph.1）。

❷ 在①當中加入蛤蜊原汁，略加熬煮（Ph.2）。加入鱈魚白子（Ph.3）。

❸ 將②以料理機攪打（Ph.4）。過程中，加入以水（用量外）還原的板狀明膠（Ph.5），再持續攪拌。

❹ 過濾③，倒入厚2mm的方型淺盤中（Ph.6）。放入冷藏室冷藏使其凝固。

❺ 當④凝固成薄膜後，由方型淺盤中剝落（Ph.7），以直徑10cm的環形模切下（Ph.8）。

顏色和質感都和魚白子原本狀態近似的薄膜，入口後才驟然感覺到其不同的口感。

[POINT]

白子薄膜因容易破損，所以在不影響口感的程度下，使其保持厚度。

檸檬風味的沙巴雍醬汁

煙燻鯡魚整型成魚卵形的加工食品「亞魯嘉魚子醬（Avruga）」。眾所周知的魚子醬代用食材，被金山先生定位為主要食材。為烘托出亞魯嘉魚子醬的鹹味和燻香，醬汁使用的是具體積，但風味安定的沙巴雍醬汁。藉由糖漬檸檬的酸味和甜味，包覆魚卵獨特的味道。（料理的食譜配方→198頁）

[材料]

檸檬醬（Pâte de citrons）
┌ 檸檬…1個
│ 細砂糖…40g
└ 水…400cc
蛋黃…1個
水…25cc
焦化奶油（beurr noisette）
…50cc
檸檬汁…少量

[製作方法]

❶ 製作檸檬醬（Ph.1）。檸檬表皮略厚地切除，果肉切成圓片。表皮除去白色內膜後，反覆換水燙煮至沸騰3次。

❷ 將①的檸檬果肉、表皮、細砂糖和水放入鍋中煮至沸騰。改為小火煮至柔軟為止（水分不足時則補足）。用料理機攪打。

❸ 鉢盆中放入打散的蛋黃、檸檬醬9g和水一起放入鍋中，磨擦般地混拌（Ph.2）。隔水加熱，混拌至產生沈重濃稠感（Ph.3、4）。

❹ 在③當中，邊少量逐次加入焦化奶油邊混拌（Ph.5）。搾擠出檸檬汁加入（Ph.6）並再次混拌。

❺ 將④裝入虹吸氣瓶內，填充氣體。在供餐前才從虹吸氣瓶中擠出醬汁（Ph.7、8）。

[POINT]

亞魯嘉魚子醬本身就具有鹹味，因此沙巴雍醬汁不再使用鹽分。

第四章

肉類料理與
醬汁

對傳統醬汁的新註解，
或者也可以說全面嶄新地挑戰傳統醬汁。
無論是哪一種，都是提升肉類、凝聚濃縮美味，
並且對現代風味醬汁的極致追求。

雞／毛蟹／魚子醬

辣根的醬汁

酸桔醋醃漬雞胸肉覆以膠凍（chaud-froid）完成製作。醬汁是辣根溶入鮮奶油中製成，以苦艾酒來增添香氣。一旦需要真空冷凍保存時，荒井先生表示：重點就在於「確實將辣根的辛辣和新鮮香氣移轉至鮮奶油當中」。與毛蟹、魚子醬、香草等，色彩鮮艷地盛盤完成。（料理的食譜配方→200頁）

[材料]

辣根（冷凍）…30g

苦艾酒…60cc

紅蔥頭…10g

鮮奶油…125cc

板狀明膠…1片

酸奶油…125g

優格…60g

檸檬汁、鹽…各適量

[製作方法]

❶ 將辣根磨成泥狀備用（Ph.1）。

❷ 在鍋中放入苦艾酒和切碎的紅蔥頭，加熱，熬煮濃縮至水分收乾為止（Ph.2）。

❸ 在②當中加入鮮奶油（Ph.3），略為加熱（Ph.4）。

❹ 將③過濾至缽盆中，加入以水還原的板狀明膠，使其溶化。墊放冰水降溫（Ph.5）。

❺ 將酸奶油、優格和①加入④當中混拌（Ph.6）。用鹽和檸檬汁來調整風味，過濾（Ph.7）。

❻ 將⑤放入專用袋內，使其真空冷凍一夜。

❼ 將⑥解凍，大量地塗抹在醋漬雞胸肉（→200頁）表面（Ph.8），置於冷藏室冷卻備用。

為避免醬汁在雞肉冷卻後產生裂紋，儘量使其滑順地完成。

[POINT]

藉由將醬汁以真空方式冷凍，使辣根的香氣移轉至醬汁中。

川俁鬥雞和紅蘿蔔的醬汁、牛肝蕈泡沫

雞腿絞肉以雞胸肉捲起成無骨肉卷（ballottine），澆淋上以雞高湯熬煮大量紅蘿蔔，凝聚紅蘿蔔甘甜風味的醬汁。添加少量的小牛基本高湯，以增進其濃郁風味就是重點，生井先生表示：「如此即誕生了法式料理才有的壓倒性之美味」。搭配無骨肉卷的是牛肝蕈泡沫，能展現出輕盈感。（料理的食譜配方→200頁）

[材料]

川俁鬥雞和紅蘿蔔的醬汁
雞基本高湯（fond de volaille）（→209頁）…360cc
紅蘿蔔…3根
小牛基本高湯（fond de veau）（→210頁）…120cc
豬油*…50g
胡椒…適量

＊豬油
具有紅蔥頭香氣的自製豬油

牛肝蕈泡沫
牛肝蕈（cèpe）（乾燥）、雞基本高湯…各適量

[製作方法]

川俁鬥雞和紅蘿蔔的醬汁
❶ 在鍋中加入雞基本高湯（Ph.1、2），放入切成薄片的紅蘿蔔（Ph.3）。
❷ 在①當中撒放胡椒，將紅蘿蔔熬煮濃縮至軟化（Ph.4）。
❸ 在②當中加入小牛基本高湯，使整體融合（Ph.5）。以圓錐形濾網過濾。
❹ 在③中加入豬油（Ph.6），輕輕混拌（Ph.7）。

牛肝蕈泡沫
❶ 在雞基本高湯中放入牛肝蕈加熱，煮沸。
❷ 過濾①，以手持式攪拌棒打發成泡沫狀（Ph.8）。

[POINT]

添加豬油，在完全融合前就停止混拌。

無骨肉卷的厚度約1.5cm。搭配具強烈存在感的醬汁，在享用時更能相互襯托。

綠花椰菜泥和綠花椰菜藜麥

以烤雞胸肉和綠花椰為題材，兩種醬汁的組合。能使極為美味又有適度彈力的村越雞肉風味更加提升，所以第一種醬汁是製作成滑順沒有特殊味道的泥狀，搭配切碎的青花椰和藜麥，荒井先生：「可以享受到不同於泥狀口感的享用樂趣。」（料理的食譜配方→200頁）

[材料]

綠花椰菜泥

綠花椰菜…1朵
沙拉生菜…50g
蛤蜊原汁*…100cc
鹽…適量

＊蛤蜊原汁
在鍋中放入蛤蜊和水
加熱，待蛤蜊打開後
過濾完成的原汁

綠花椰菜藜麥

綠花椰菜…100g
蛤蜊原汁…100cc
大蒜油、鹽…各適量

[POINT]

變化綠花椰菜各部分的燙煮時間，才能使整體呈現均勻的硬度。

[製作方法]

綠花椰菜泥

❶ 燙煮綠花椰菜，撈出後煮汁備用。

❷ 沙拉生菜以鹽水燙煮後，用料理機攪打成泥狀。

❸ 取蛤蜊原汁放入鍋中，溫熱備用（Ph.1）。

❹ 混合①與③，以食物調理機攪打（Ph.2）。

❺ 在④當中加入①的綠花椰菜煮汁以調整濃度，加入②的菜泥調整顏色及風味（Ph.3、4）。以鹽調味。

綠花椰菜藜麥

❶ 將綠花椰菜的根、莖、花各別切分，並各別切碎（Ph.5）。

❷ 取蛤蜊原汁放入鍋中，加熱。首先加入①的綠花椰菜根部（Ph.6），其次加入莖，最後放入花的部分（Ph.7），以極短時間加熱。澆淋上大蒜油，以鹽調整風味（Ph.8）。

❸ 過濾②瀝乾水分，冷卻備用。

雞／可可碎粒（cacao nibs）

玫瑰奶油、雞肉原汁

雞胸肉盛盤，佐以如同奶油中添加平葉巴西利的「香草奶油 Maître d'hôtel butter」般，
混入玫瑰花瓣的「玫瑰奶油Beurre rose」。雞胸肉蒸熟後，塗抹上雞肉原汁加熱，搭配
可可碎粒增添口感與苦味。再擺上玫瑰奶油，雞肉的熱度融化奶油，更能提升香氣。
（料理的食譜配方→201頁）

［材料］

玫瑰奶油

玫瑰花（食用花）
奶油…各適量

雞肉原汁

雞高湯（→208頁）
鹽…各適量

［製作方法］

玫瑰奶油

❶ 摘下玫瑰花瓣（Ph.1）清潔、冷凍備用（Ph.2）。

❷ 混合①和奶油，以食物調理機攪拌（Ph.3）。

❸ 將②移至缽盆，以攪拌器混拌全體至整體均勻，呈現玫瑰花色澤（Ph.4）。

❹ 將③填入淚滴形狀的模型中，冷藏（Ph.5）。

❺ 待④凝固後脫模，暫時放置常溫中（Ph.6）。

雞肉原汁

❶ 取雞高湯放入鍋中，熬煮濃縮至約剩1/10量的程度（Ph.7）。以鹽調整風味。

❷ 用①塗抹在蒸好的雞胸肉上（→200頁）收乾，並重覆3次左右完成製作
（Ph.8）。

［POINT］

玫瑰花冷凍後更容易與奶油混拌。

鵪鶉原汁

烤鵪鶉搭配其原汁，正是最經典的傳統組合。重點在於炒過鵪鶉骨架的油脂全部都要丟棄，才能以沒有雜味的狀態完成。金山先生重現了他當時在巴黎三星餐廳工作時的步驟，所以若是想要呈現更輕鬆簡易的風格時，也可以直接使用拌炒過的油。原汁再以羊肚蕈和黃葡萄酒來增添風味。（料理的食譜配方→201頁）

[材料]

鵪鶉骨架…2隻

奶油…55g

羊肚蕈邊角…40g

紅蔥頭…20g

大蒜…1/2個

黃葡萄酒…80g

蔬菜高湯（bouillon de legumes）（→207頁）…450cc

橄欖油、鹽…各適量

[製作方法]

❶ 在鍋中加熱橄欖油，拌炒鵪鶉骨架（Ph.1）。添加奶油、羊肚蕈邊角、切碎的紅蔥頭和大蒜之後，繼續拌炒（Ph.2）。以濾網瀝出油脂（Ph.3）。

❷ 將①放回鍋中加熱，倒入黃葡萄酒，使酒精揮發（Ph.4）。

❸ 在②當中加入蔬菜高湯，熬煮濃縮至剩3/4量（Ph.5）。過濾（Ph.6）。

❹ 再繼續熬煮③，添加少量增添香氣的黃葡萄酒（用量外）（Ph.7）。以鹽調整風味完成製作（Ph.8）。

[POINT]

丟棄拌炒鵪鶉骨架的油脂，完成風味清澄的原汁。

鴿子／鴿腿肉炸餅

中華粥和鴿內臟醬汁

擅長將中式料理的要素融入料理的荒井先生。將添加干貝的「中華粥」製成具濃度的醬
汁，搭配烤鴿。再加上同時兼具滑順與濃厚風味的鴿內臟醬汁，混合了兩種性質各異的
醬汁，醞釀出同時享受不同風味的變化。（料理的食譜配方→201頁）

[材料]

中華粥	鴿內臟醬汁
干貝…20g	紅蔥頭…50g
干貝的還原湯汁	馬德拉酒…30cc
…100cc	波特酒…50cc
生米…75g	鴿原汁（jus de pigeon）
白煮蛋的蛋黃	（→207頁）…200cc
…1/2個	鴿心臟和肝臟…各6個
水…3L	鮮奶油…100cc
鹽…適量	鹽…適量

[製作方法]

中華粥

❶ 干貝用水（用量外）浸泡一夜還原備用。

❷ 在鍋中放入生米，水煮蛋的蛋黃用網篩過篩加入其中（Ph.1）。
倒入水和干貝的還原湯汁，以小火加熱3～4小時熬煮成粥。

❸ 在②當中加入①剝散的干貝（Ph.2），以鹽調整風味完成製作
（Ph.3）。

鴿內臟醬汁

❶ 在鍋中放入切碎的紅蔥頭、馬德拉酒、波特紅酒，加熱
（Ph.4）。加熱至水份揮發為止（Ph.5）。

❷ 在①當中加入鴿原汁煮至沸騰，加入鴿的心臟和肝臟（Ph.6）。
熬煮濃縮至液體收乾至2/3的程度，加入鮮奶油（Ph.7）。

❸ 將②放入食物調理機攪打，過濾。以鹽調整風味完成製作
（Ph.8）。

[POINT]

中華粥需熬煮濃縮至成為濃稠醬狀為止，需要花時間慢煮。

山鷸鶉／螯蝦／皺葉甘藍

螯蝦原汁的沙巴雍醬汁

聲稱「受到山海食材組合魅惑」的荒井先生，在這道料理當中，用皺葉甘藍裹上薄層
麵粉炒的山鷸鶉（perdreau），和香煎（poêlé）螯蝦，佐以螯蝦風味的沙巴雍醬汁。有
著甲殼類特有的濃郁美味，用兩種不同味道食材整合完成的料理。艾斯佩雷產辣椒粉
（Piment d'Espelette）的辣味也是提味重點。（料理的食譜配方→202頁）

[材料]

紅蔥頭…60g

苦艾酒…300cc

白酒醋…100cc

蛋黃…6個

焦化奶油的清澄部分*…100cc

螯蝦原汁（jus de langoustine）（→206頁）
…150cc

泡沫用起泡劑（foam for espuma）*…10g

檸檬汁、鹽、白胡椒…各適量

＊焦化奶油的清澄部分
加溫焦化奶油，只舀取上方清澄的油脂部分
＊泡沫用起泡劑
使液體更容易形成泡沫的輔助劑

[製作方法]

❶ 在鍋中放入切碎的紅蔥頭、苦艾酒、白酒醋，略加熬煮
（Ph.1），撒入白胡椒。過濾。

❷ 將①和蛋黃放入缽盆中（Ph.2），隔水加熱地以攪拌器混拌
（Ph.3）。待混合後，邊加入焦化奶油的清澄部分（Ph.4）邊
攪打成濃稠、體積增加的狀態。

❸ 在鍋中放入螯蝦原汁煮至沸騰，溶入泡沫用的起泡劑
（Ph.5）。

❹ 在②當中加入③和檸檬汁混拌（Ph.6、7）。以鹽調整風味。

❺ 將④裝入虹吸氣瓶內，填充氣體。在供餐前才從虹吸氣瓶
中擠出醬汁（Ph.8）。

[POINT]

使用焦化奶油上方的清澄部分，可以防止其顏色或風味過強。

白腎豆的白汁燉肉、鮑魚肝醬汁

與150頁的料理相同，以山珍海味組合為題材，荒井先生之作品。鷸鴣與鮑魚意外的組合，是以兩者共同地都「略帶微苦」的聯想。醬汁是用白腎豆熬煮後製成泥狀，以及鮑魚肝過濾製成共兩種。用白腎豆乳霜般的口感緩和了苦味，鮑魚肝帶著海味香氣，令人印象深刻的成品。（料理的食譜配方→202頁）

[材料]

白腎豆的白汁燉肉
鷸鴣的腿肉…50g
大蒜…1/2片
百里香…2枝
白酒醋…30cc
鮮奶油…50cc
白腎豆泥*…20g
橄欖油、鹽、
白胡椒…各適量

*白腎豆泥
在本書中以浸泡白腎豆
的還原湯汁來燉煮，用
食物調理機攪打後過濾
而成

鮑魚肝醬汁
鮑魚肝…4個
日本酒…100cc
白醬油…100cc
鹽…適量

[製作方法]

白腎豆的白汁燉肉
❶ 鷸鴣腿肉切碎，放入加熱了橄欖油的鍋中，與大蒜、百里香一起拌炒（Ph.1）。
❷ 在①當中加入白酒醋，略微燉煮（Ph.2）。添加鮮奶油熬煮濃縮至2/3量（Ph.3）。
❸ 在②當中加入白腎豆泥，待全體融合（Ph.4），過濾放回鍋中（Ph.5）。以鹽和白胡椒調整風味完成製作（Ph.6）。

鮑魚肝醬汁
❶ 鮑魚肝先抹鹽醃置1天（Ph.7）。
❷ 不洗去鹽地直接將①放入食物調理機攪打。過濾。
❸ 在鍋中放入日本酒煮至沸騰。改以小火，加入①和白醬油混拌。（Ph.8）。

[POINT]
利用鹽醃鮑魚肝的鹹味統合整體味道。

綠頭鴨原汁

綠頭鴨胸肉，搭配用鴨架萃取的原汁。丟棄拌炒鴨架後的油脂，與146頁的鵪鶉原汁相同。為避免沾染上多餘的焦味，在鴨架拌炒上色後才加入大蒜正是訣竅。本次製作加入了肉桂和東加豆（dipteryx odorata）增添了淡淡的甜香。完成時澆淋上有著青草味的橄欖油，整合所有的風味。（料理的食譜配方→202頁）

[材料]

鴨架（頭、腳等）…1～2隻
奶油…45g
大蒜、紅蔥頭…各適量
白酒…100cc
水…500cc
肉桂粉、東加豆粉、
葡萄籽油、鹽…各適量

[製作方法]

❶ 在鍋中加熱葡萄籽油，拌炒切成大塊的鴨架（Ph.1）。

❷ 待鴨架上色，待鍋底開始沾黏後，加入奶油，溶出鍋底精華（Ph.2）。加入切成薄片的大蒜和紅蔥頭，再繼續拌炒（Ph.3）。

❸ 待鴨架充分拌炒後，過濾瀝乾油脂（Ph.4）。

❹ 將③的材料放回鍋中，加熱，倒入白酒溶出鍋底精華（Ph.5）。

❺ 加水熬煮約1小時，至釋出骨髓中的香氣為止（Ph.6）。過程中如果水分不足，則適度地補足。

❻ 以鹽調整風味，過濾（Ph.7）。

❼ 將⑥移至鍋中加熱。加入肉桂粉、東加豆粉（Ph.8）。

[POINT]

丟棄拌炒鴨架的油脂，製作出清澄的風味。

冰凍蜂斗菜

以蜂斗菜製成的冰淇淋，搭配熱肥肝享用的一道料理。蜂斗菜的苦味與肥肝的甘味對比，同時冷熱的反差，都是享用的樂趣所在。因此生井先生說：「最重要的是蜂斗菜要選擇具苦味；肥肝則要挑選新鮮具有濃郁風味的」。再佐以清湯風味的洋蔥瓦片（tuile）。（料理的食譜配方→203頁）

[材料]

牛奶…200cc

鮮奶油…250cc

蜂斗菜…20個

蛋黃…5個

海藻糖（Trehalose）…90g

[製作方法]

❶ 在鍋中加入牛奶和鮮奶油，撕下蜂斗菜加入其中（Ph.1）。

❷ 將①加熱，至沸騰後離火（Ph.2）。以保鮮膜覆蓋密封，放置30分鐘浸煮（infuser）（Ph.3）。

❸ 在缽盆中放入蛋黃和海藻糖，隔水加熱以攪拌器混拌（Ph.4）。

❹ 將②連同蜂斗菜加入③當中（Ph.5），混拌至產生濃稠（Ph.6）。以圓錐形網篩過濾（Ph.7）。

❺ 待④略微降溫後，放入冷凍粉碎調理機（Pacojet）的專用容器內冷凍。

❻ 在供餐前用冷凍粉碎調理機將⑤攪打成滑順的冰淇淋（Ph.8）。

[POINT]

蜂斗菜用手不規則撕開加入，能使風味更易移轉。

兔肉／紅蘿蔔／大茴香

兔原汁

金山先生以傳統派餅包覆油封兔肉，和內臟烘烤完成的料理，搭配兔原汁。這個原汁不添加高湯或水，僅用波特紅酒和紅葡萄酒熬煮兔骨架，呈現出清爽的風味。為更能烘托兔肉的滋味，所以會用風味良好的焦化奶油來融合整體。佐以「總是搭配兔肉」的紅蘿蔔泥。（料理的食譜配方→203頁）

［材料］

兔骨架（頭、肋骨、膝）
…1隻
奶油…75g
紅蔥頭…20g
大蒜…1/2個
波特紅酒…150cc
紅葡萄酒…400cc
焦化奶油…15g
橄欖油、鹽…各適量

［製作方法］

❶ 兔骨架切成大塊（Ph.1）。

❷ 在放有橄欖油的鍋內拌炒①（Ph.2）。上色後加入奶油，邊保持沸騰狀態邊拌炒（Ph.3）。

❸ 加入切成薄片的紅蔥頭和大蒜，繼續拌炒。兔骨架拌炒至黃金呈色後，過濾後丟棄油脂（Ph.4）。

❹ 將③過濾出的材料放入鍋中，加熱。添加波特紅酒，熬煮濃縮至水分消失為止（Ph.5）。加入紅葡萄酒，慢慢煮至濃縮剩1/3量（Ph.6）。以鹽調整風味，過濾。

❺ 將過濾的④在鍋中溫熱，加入焦化奶油整合全體（Ph.7、.8）。

兔背肉和肩肉、心臟和肝臟以油封烹調。搭配香煎的肥肝一起盛盤。

［POINT］

紅波特酒的酸與焦化奶油的融合，就能美妙地完成製作。

烏魚子和甘藍的奶油醬汁

北海道產的羔羊菲力，搭配烏魚子、甘藍一起享用的一道料理。烏魚子用昆布水浸泡至柔軟，連同浸泡湯汁一起放入料裡機攪打成乳霜狀般的烏魚子高湯。這樣充滿鹹香美味的高湯，咕嚕咕嚕地燉煮甘藍作為醬汁，適合搭配肉品一起享用。完成時再擺放烏魚子片，佐以辛辣的金蓮花（Nasturtium）（料理的食譜配方→203頁）

[材料]

烏魚子…1片
昆布…適量
水…500cc
甘藍…150g
奶油…30g
奶油（完成時使用）…15g
磨碎的烏魚子
（完成時使用）…適量

[製作方法]

❶ 烏魚子（Ph.1）和昆布放入水中。浸泡6小時使烏魚子柔軟備用（Ph.2）。取出昆布，浸泡湯汁保留。

❷ 除去①的烏魚子薄膜，中間部分以手指將其揉散（Ph.3）。

❸ 將②放回浸泡湯汁中，以食物調理機攪打。

❹ 用圓錐形網篩過濾③，移至鍋中（Ph.4）。

❺ 甘藍分成芯、中央葉片、外側葉片地切成細絲，分別以鹽水燙煮備用。

❻ 將⑤的甘藍菜芯加入④當中，加熱至60℃使風味移轉（Ph.5）。

❼ 在另外的鍋中融化奶油，燜煮（étuver）⑥的甘藍中央葉片和外側葉片。

❽ 少量逐次地將⑥加入⑦當中，略加煮沸（Ph.6）。待煮至適當濃度時，加入完成用奶油和磨碎的烏魚子，使整體融合（Ph.7、8）。以鹽調整風味。

容器底部舖放甘藍醬汁，上面排放切成薄片的羔羊菲力肉片。

[POINT]

以圓錐形網篩過濾後，殘留的烏魚子用湯匙背按壓使其落入鍋中。

牛／蘿蔔

炸蔬菜的紅酒醬汁

燙煮（pocher）的牛肉薄片，搭配令人想到小牛基本高湯，濃郁醬汁的「俄羅斯酸奶牛肉Stroganoff」風格的料理。但實際作為醬汁基底的是油炸乾燥蔬菜，以紅酒熬煮出它的深層風味。「用水熬煮油炸乾燥蔬菜，也可作為基本高湯來使用」是高田先生的發想。（料理的食譜配方→204頁）

[材料]

洋蔥…20g*

紅蘿蔔…15g*

西洋芹…5g*

月桂葉…1片

番茄粉…10g

大蒜粉…8g

紅酒…300cc

白色小牛基本高湯（fond blanc de veau）（→208頁）…200cc

澱粉、橄欖油、鹽…各適量

＊蔬菜都是乾燥後的重量

[製作方法]

❶ 洋蔥、紅蘿蔔、西洋芹各別放入65℃的蔬菜乾燥機（dehydrator）24小時，使其乾燥（Ph.1）。

❷ 加熱沙拉油（用量外）至160℃，各別油炸①（Ph.2）。放置網架上瀝乾油脂。

❸ 在鍋中加熱橄欖油，拌炒月桂葉、番茄粉、大蒜粉（Ph.3）。

❹ 在③當中加入紅酒煮沸（Ph.4）。放入②的炸蔬菜，熬煮濃縮至液體成為2/3的程度（Ph.5）。

❺ 在④中添加白色小牛基本高湯（Ph.6），熬煮濃縮至半量的程度（Ph.7），過濾。

❻ 用澱粉使⑤融合連結，以鹽調整風味完成製作（Ph.8）。

[POINT]

乾燥蔬菜的香氣確實釋出地油炸後，產生濃郁的風味。

燙煮（pocher）牛肉，在醬汁中略為溫熱，使其入味後盛盤。

蝦夷鹿／橡子／松子

雞油蕈和鹽漬鮪魚泥

高田先生表示「在多盤料理套餐當中，若有近似『配菜』或『調味料condiment』般，具泛用性的醬汁就很方便了。」烘烤蝦夷鹿搭配的法式雞油蕈碎（duxelles），就是這樣考量下表現出的「醬汁」。「Duxelles」不添加高湯，用鹽漬鮪魚以增加美味及鹹味，作成魚漿丸（quenelle）的形態，搭配肉類，就像調味香料般享用。（料理的食譜配方→204頁）

[材料]

豬油*⋯25g

雞油蕈（chanterelle）（日本國產。冷凍）⋯150g

鹽漬鮪魚*⋯適量

＊豬油
用的是鹿兒島奄美大島生產的原有品種「島豚」的豬油

＊鹽漬鮪魚
義大利薩丁尼亞島產的鹽漬鮪魚紅肉

[製作方法]

❶ 在鍋中放入豬油和雞油蕈加熱（Ph.1）。用小火炒至雞油蕈變軟為止（Ph.2）。

❷ 用料理機攪打①，成為法式雞油蕈碎的狀態（Ph.3）。

❸ 磨削鹽漬鮪魚（Ph.4）。

❹ 在缽盆中放入常溫的②和③，混合均勻（Ph.5、6）。

[POINT]

使用的是急速冷凍的國產雞油蕈，使香氣鮮明呈現。

鹿／腿肉香腸（saucisson）／黑牛蒡

鹿和牛蒡原汁

完全不使用基本高湯（bouillon）或高湯（fond），以紅酒熬煮骨架或調味蔬菜，全面提引出食材風味的蝦夷鹿原汁。熬煮時添加大量油炸牛蒡，以其美味和甜味補足主體原汁中的油脂和濃郁，增添搭配鹿肉略帶土味之香氣。仔細地撈除牛蒡釋出的浮渣，就是製作出清澄風味的要領。（料理的食譜配方→204頁）

[材料]

蝦夷鹿骨…5kg

牛蒡…10根

紅蘿蔔…2根

油蔥…3個

西洋芹…3根

百里香…1枝

番茄泥（tomates concentrees）…30g

紅酒…2.25L

橄欖油、鹽…各適量

[製作方法]

❶ 蝦夷鹿骨（清理過的）放入230℃的烤箱內烘烤40分鐘（Ph.1）。

❷ 切成竹葉般的牛蒡，以180℃的熱油（用量外）油炸（Ph.2）。取出後放在舖有廚房紙巾的方型淺盤中瀝乾油脂。

❸ 在鍋中加熱橄欖油，放入切成適當大小的紅蘿蔔、洋蔥、西洋芹拌炒（Ph.3）。添加百里香、番茄泥，加入①，並倒入紅酒，加進②的牛蒡（Ph.4）。以大火煮沸，撈除浮渣。

❹ 轉以小火，熬煮濃縮至半量（Ph.5）。

❺ 用圓錐形網篩過濾④（Ph.6）。僅取出所需用量放入小鍋中，煮至沸騰後再次撈除浮渣（Ph.7）。以鹽調整風味完成製作（Ph.8）。

[POINT]

清潔帶筋和脂肪的骨頭，製作出風味清爽的原汁。

蝦夷鹿／西洋梨／芥蘭菜花

甜菜原汁

「食材品質優良，就不需要更加強調美味的醬汁」，金山先生如此表示。狀態極佳的烤蝦夷鹿，搭配以甜菜、油醋、少量奶油製作出的極簡醬汁。甜菜以慢磨蔬果機（slow juicer）攪打成保留新鮮香氣的液體。用榲桲（coing）醋添增香氣，以焦化奶油讓整體更加融合為一體。（料理的食譜配方→204頁）

[材料]

甜菜…2個
榲桲醋…18cc
奶油…15g
鹽…適量

[製作方法]

❶ 甜菜去皮，切成2cm方塊（Ph.1）。

❷ 將①以慢磨蔬果機榨出汁液（Ph.2）。取60cc左右的用量。

❸ 在鍋中放入過濾的②（Ph.3），加入榲桲醋（Ph.4）。煮沸後撈除浮渣，熬煮濃縮至1/4的量（Ph.5）。

❹ 製作焦化奶油。在鍋中加熱奶油。待全體成金黃色，最初的大氣泡變小後熄火（Ph.6）。

❺ 邊加熱③邊加入④（Ph.7），以鹽調整風味。攪拌至出現濃稠狀態為止（Ph.8）。

[POINT]

添加焦化奶油，可以讓整體更加融合地完成製作。

我的醬汁論

料理因應時代進化的過程中，

醬汁的定位，也隨之產生變化。

當代嶄露頭角的五位新銳主廚

對「現代法式料理中醬汁擔任的作用」有什麼看法？

荒井 昇
Arai Noboru

1974年出生於東京都。調理師學校畢業後,至東京都法式料理餐廳學習。1998年,遠渡法國,在隆河(Rhône)地區、普羅旺斯地區修習了一年。回到日本後,在西式糕點店和築地擔任批發仲介等職務,邊進行獨立展店的準備,2000年在淺草獨立創業。2009年移轉至現今的店址,重新裝修開幕。2018年夏天,於接鄰處開設姐妹店。

—

Hommage
東京都台東区淺草4-10-5
Tel:03-3874-1552
www.hommage-arai.com

Q:對您而言,何謂醬汁?

構成料理的三要素「主要食材」、「搭配材料」、「醬汁」是環環相扣的,必須要多加留意才能完成一道料理。因此,即使像是佩里克醬汁(sauce Périgueux)或薩米斯醬汁(sauce salmis)般具存在感的醬汁,我想也無法僅以醬汁作為主角。

醬汁的獨特作用,一個是香氣、顏色、形狀可以自由變化,因此在搭配料理時,可以很容易地配合改變。另外,就我本身而言,醬汁當中多是直接以,"美味"和"濃縮感"來表現。熬煮時確實地濃縮,使用酒精或奶油時,也是大膽加入。更因長時間持續製作法式料理,因此即使包裝成現代化風格,但其實基礎是沒有改變的。

同樣地,成為醬汁基礎的高湯,需要時間和成本。高湯用的雞,與料理相同,使用的是整隻村越雞,昆布高湯用的昆布或提味用的鰹魚,也是斟酌選擇高品質的。

越是致力於料理細部的製作,更是想要活用食材,為呈現出輕盈感地搭配簡單的原汁,用仔細製作出的高湯來製作醬汁,成品更是壓倒性地美味,這也是法式料理的魅力之一。因此,作為基礎的高湯若不夠優質,也無法製作出「最頂級的美味」。我想包含在顧客看不到的地方都不偷懶的心,如此的堅持,在一般的工作上也應該要能展現出來。

Q:製作方法或使用方法的重點為何?

以日本料理為首,中式或墨西哥料理等受到多樣範疇的刺激,將各種要素納入其中。鰹魚高湯和白子的湯品中,享用馬頭魚的這道料理,就是從日本料理「すり流し」(濃湯)中得到的啟發。鴿子與鮑魚中華粥的醬汁搭配,是從香港享用濃稠的干貝粥時,搭配添加在其中的鮑魚肝組合而聯想到的。像是這些不同領域範疇的技術與方法,無論如何都想要使用在法式料理上,呈現更美味的手法。上述的白子湯品,確實地使其乳化;中華粥的製作時,添加鴿內臟的醬汁,這些手法落入法式料理,雖然令人意外但同時風味上也能毫無違和感地完成,實在令人矚目。

我喜歡在巴斯克地區常見,「海與山食材組合」的料理方式,也經常運用。像這樣宛如某種「歪道」的組合,作為飲食文化特有的價值,確實相當吸引人。同樣的食材和醬汁的組合,也沒有絕對的「適合」或「不適合」,不是嗎?平常一般不常見的歪道組合,也可能因其平衡地整合後,呈現出超級美味的成品也說不定。以這樣的發現來看,像是「山鷸鶉和螯蝦的醬汁」、「羔羊與烏魚子的醬汁」般的料理,也因此誕生了。

一旦接觸了海外的飲食文化之後,自己既有的概念就被打破了,也可以察覺到直接面對食材的重要性。當心中的堅持消失後,自我的部分也隨之淡泊,所以要如何讓兩者共存地製作出「Hommage」的風味與世界觀,是我眼前最大的課題。

金山康弘
Kanayama Yasuhiro

出生於1971年神奈川縣。曾在「銀座L'ecrin」（東京・銀座）、「Cote d'Or」（東京・三田）等修習，2002年遠渡法國。於「Astrance」、「La Bigarrade」（皆在法國）擔任主廚。2013年回國後至今，於飯店擔任行政主廚之職。同時兼任該飯店內餐廳「Berce」的主廚料理長。

Hyatt Regency Hakone Resort and Spa「Berce」

神奈川縣足柄下郡箱根町強羅1320
Tel：0460-82-2000
hakone.regency.hyatt.com/ja/hotel/home

Q：對您而言，何謂醬汁？

醬汁，是使容器內全體均衡的手段。就我個人而言，最初會先設想一個範圍的「框架」，再來思考其中食材與醬汁的充分平衡。經典正統的法式料理當中，大多會挑選搭配主要食材更有強烈存在感的醬汁或配菜，以此方式構成料理的全貌，但我採用不同於此的方法來呈現。

料理入口時，最先感受到的與其是醬汁所帶來的衝擊，不如說在享用完料理時，能夠感受到食材與醬汁「連結」的風味，才是更理想的狀態。強烈地不希望因為醬汁存在感，而造成食材本身「不容易感覺到的部分」被完全抹殺掉。若是將發揮食材最佳風味的重點作為首要考量，自然也會隨之決定醬汁的內容。

例如，魚本身的風味和香氣較弱、較淡，很適合搭配以魚高湯或其他高湯為基礎，風味強而有力的醬汁。但反之，魚本身緊實且有強烈香氣及風味時，這樣味道過強的醬汁無法與魚的風味融合，反而破壞了整體的美味平衡。因此不要拘泥於常識中的組合，不就是該考慮不依賴高湯美味的醬汁嗎，我就是用這樣的呈現方式來搭配組合料理。

Q：製作方法或使用方法的重點為何？

目標是，以所需最低限度的要素構成，但令人感受到其複雜深度般的表現。重視的就是香氣，考量「香氣也是美味的一種形式」，所以用心地製作出香氣佳、清澄的醬汁。所以最重要的就是更仔細地進行所有的步驟，並且使用剛製作出的成品。

例如，肉類料理當中，經常會搭配食材原汁，但用瓦斯爐拌炒後因奶油味道變混濁而丟棄、鍋邊髒污會造成焦臭，所以要仔細清潔等，基本作業必須以高精細度來執行，安排在搭配供餐時間恰到好處地完成。剛完成時的鮮度非常重要，不只是醬汁，蔬菜泥和高湯也是同樣的。製作的濃醬一旦冰涼後香氣也會消散，所以必須考慮常溫保存，在開始營業前才進行製作，並且高湯類也是在製作當天使用完畢。

味道的方向性，必須注意酸味或苦味與鹹度的均衡。例如白蘆筍和沙巴雍醬汁的料理當中，添加在醬汁中的柳橙與搭配的百香果酸味，會因其酸味而更襯烘出鹹味。如此一來，在醬汁中添加的食鹽用量就可以減少，不會因為過鹹而損及白蘆筍的香氣。

完成時，大多會用奶油略加融合整體風味、或以橄欖油提引風味。要柔和過強氣味或使其更加醇濃時，則會使用鮮奶油，因為一個不小心就會損及或覆蓋掉料理的風味，所以請注意用量和加熱時間。此次櫛瓜花和文蛤的料理當中，就使用了油糊融合整體風味。油糊會使料理完成時帶著粉末的感覺，或許這都是過去古老的印象也說不定，只要充分地切斷粉類的麵筋組織，其實可以製作完成較油脂更加柔和口感輕盈的成品，我覺得這正是該重新審視的技術。

高田裕介

Takada Yusuke

1977年出生於鹿兒島縣奄美大島。在調理學校的法國分校畢業後，開始在大阪市內法國料理店等任職，2007年前往法國。於「Taillevent」、「Le Meurice」（皆在巴黎）等修習2年。回國後，於2010年開始「La Cime」的經營。2016年2月重新裝修開業。

La Cime

大阪市中央区瓦町3-2-15 瓦町ウサミビル 1F

Tel：06-6222-2010

www.la-cime.com

Q：對您而言，何謂醬汁？

「增添風味者，皆屬之」。對我而言，料理是確認記憶的步驟，發想的要素、風味的要素，總是存在於自己的體驗中。開始強烈意識到這一點後，以前絕不會挑選的食材也會不再猶豫地選用，感覺「若要說是醬汁，也許是食材也說不定…？」般的種類，也不會躊躇地使用了。

舉例而言，像是略為陳放的白乳酪吃起來有酒粕般的味道，因而想要吃烏魚子；邊吃佃煮章魚和山椒，邊喝烏龍茶覺得特別好吃…從這些日常記憶中，發覺美味，並完成醬汁的製作。

出生成長的奄美大島的飲食文化也成了啟發。「紫菊苣」的血腸醬汁當中，用了豬血、豬油和味噌的組合，是奄美傳統料理實際可見的。由薩摩、沖繩、台灣的飲食文化交織而成的奄美感覺，為我的醬汁觀帶來巨大的影響。

另一方面，最近也意識到「作為醬汁的廣泛用途」，因為相較於之前增加套餐中的品項，結果必要的醬汁變化也因而增加。此次提及的蝶螺肝醬汁或昆布馬鈴薯醬汁，就是以此為發想製作。雖然都是用於蔬菜料理，但也可作為單人料理的配菜，還能搭配魚或肉類料理作為醬汁使用，具有強烈特性，同時又無使用方式限制的醬汁。

Q：製作方法或使用方法的重點為何？

最近深感興趣的食材，是乾貨。曬乾的蔬菜、乾燥大豆、魚乾…。其中有相當多都是帶著日式風味的食材，但釋放出的美妙滋味，卻能感受到這是世界共通地美味。

炸蔬菜的紅酒醬汁中使用乾燥蔬菜的高湯，我特別中意。洋蔥、紅蘿蔔、芹菜乾燥後，確實油炸，更能提升美味程度，可以製作出令人以為是雞基本高湯般，風味紮實的高湯。利用切下剩餘的蔬菜乾燥使用，就可以完全不浪費，調味蔬菜切碎就可以節省拌炒的時間。不用像法國料理的傳統高湯般長時間熬煮萃取，藉助於食材和壓力鍋等機器，就能製作出基底的基礎風味的話，那麼對於煩惱於人手不足的現代餐廳而言，應該也是個非常好的選項。帶著希望能成為「新基本高湯」的期許，稱之為"New Basic Stock"。

萵苣料理當中，就是使用代表日式食材的竹筴魚乾來製作醬汁。魚乾獨特的風味，或許會覺得無法搭配法國料理也說不定，但實際上因為與奶油和香料的適性極佳，用大蒜或奶油包覆也極具效果。若這樣還覺得味道過重時，也可浸泡使用，或用辣根等辣味來平衡…像這樣超出限制的發想，我想更可以自由寬廣地製作出醬汁。

生井祐介
Namai Yusuke

1975年出生於東京都。最初志在音樂，25歲才進入料理的世界。在「Restaurant J」（東京表參道）、「Masa's」（長野・輕井澤）植木将仁先生麾下學習。「Heureux」（長野・輕井澤）、「CHIC peut-être」（東京・八丁堀）擔任主廚之後，2017年9月開設了「Ode」。

—

Ode

東京都渋谷区広尾5-1-32 ST広尾2F
tel：03-6447-7480
restaurant-ode.com

Q：對您而言，何謂醬汁？

所謂醬汁，可以說是「為了更美味地品嚐主要食材的存在」。因此，在考慮醬汁時，透視主要食材本身所擁有的風味為發想開端。具有什麼樣的口感、何種程度地提引其風味、需要使其有酸度、酒和油脂是否能夠均衡呈現…。像這樣以現代化方式接近呈現主要食材的手法，就是對我而言的醬汁。

另外，醬汁中也必須力求潔淨的美味。「雜味的美味」考量方式，我個人雖然也很喜歡，但這與法國料理醬汁的存在方式是相違背的。雖然希望呈現濃縮感，但也不是無論什麼都混在一起熬煮就是好的，目標是希望能呈現有深度又鮮明潔淨的風味。

在使用油脂時，又不能過度覆蓋掉食材風味，必須注意用量；另一方面大量的奶油可以產生「充分美味」的醬汁，也是法國料理的魅力之一。特別是秋冬，就會更令人想製作這樣的料理。也許單品會覺得美味，但「作為套餐時就會過於沈重」，所以大量使用奶油的料理，應該只要重點式地一道，就會成為套餐中不可或缺的亮點。

Q：製作方法或使用方法的重點為何？

以「提升主要食材美味」的觀點來看，也會採取用主要食材本身作為醬汁的原料。螢烏賊料理中的螢烏賊醬汁、烏賊和蘿蔔料理中的醬汁就是這樣的組合。考量的就是如此更能強化「吃了什麼」料理的印象。

並且，用與主要食材相適性高的食材製作醬汁，也是我喜歡用的手法。像是適合搭配川俁鬥雞的紅蘿蔔醬汁；或適合蝦夷鹿的牛蒡醬汁；七星斑搭配的乾燥香菇醬汁等。無論哪一種，確實熬煮濃縮風味，並且提引出不帶混濁的美味就是重點。像「紅蘿蔔醬汁」、「牛蒡醬汁」般，自信地傳遞出充滿食材風味的成品。

提到製作完成的方法，從醬汁製作成粉末、泡泡（espuma）、冰淇淋等，溫度及其構成的變化，也令人樂在其中。要進行這些變化前的基礎，建立在關於：「古典料理也可以如此完成」、「曾經享用過這樣的組合非常美妙」…法國料理的累積上，這正是我非常珍視並思考的環節。例如荷蘭醬（sauce Hollandaise），以傳統的沙巴雍醬汁製作就很美味，但就無法使其更加飽含空氣嗎？若是製作成泡泡，是否泡沫入口時，能讓風味更加容易擴散呢…？我就是如此的想像，並進行了製作測試，結果當然如預期順利完成，也有失敗之作，但是，我想在「自己熟知的美味中，更進一步地提升美味」的心情之下，才能夠不斷地孕育出新的料理形態。

目黑浩太郎

Meguro Kotaro

1985年出生於神奈川縣。在東京都的法國料理餐廳學習，爾後2011年前往法國，在「Le Petit Nice Passedat」（馬賽）經過一年的修習。回到日本後，在「Quintessence」（東京・御殿山）工作2年半。與同店的師兄川手寬康先生一起結伴轉至「Florilège」，在此地點於2015年4月開設了「Abysse」。

———

Abysse

東京都港区南青山4-9-9 AOYAMA TMI 1F
Tel：03-6804-3846
abysse.jp

Q：對您而言，何謂醬汁？

看到醬汁，就能看出該位廚師是想要做出什麼樣的料理—我個人覺得，醬汁是展現廚師最強烈原創性的部分。

對我個人而言，能將食材本身持有的風味，更自由變化出形態地展現方式，也是醬汁的魅力。像鰹魚和烤茄子的料理中，烤茄子的冰冷粉末因口中熱度溶化並散發出茄子香氣的呈現；蕪菁料理中，蕪菁葉的泥醬，雖然看不到葉子的形狀，但食用時卻能確實感受其存在…，像這樣包含了食材風味和季節感，並能傳遞給用餐顧客的醬汁，就是最理想的了。

在我的想法裡，醬汁並不是「萬能球員utility player」，像白色奶油醬汁（sauce beurre blanc）或波爾多醬汁（sauce bordelaise）般的法式料理傳統醬汁，大部分沒有限定用途，可以被廣泛使用。但另一方面，我想要製作的是「只適用這種食材的醬汁」。酸漿果的醬汁搭配孔雀蛤；茴香的湯汁則要搭配牡蠣，才能呈現整體感等等…如此般，找尋出無法相互分開考量的料理和醬汁的組合，才是我傾力投注的重點。

Q：製作方法或使用方法的重點為何？

醬汁儘可以簡單地調理，明確地界定與主要食材的關聯。搭配馬頭魚的栗子醬汁就是很適切的例子，使用的僅有和栗與水，但需要煮出栗子澀皮的滋味，使栗子香氣滲入其中的水，以此稀釋和栗膏，調整濃度也是一道花工夫的工續。即使沒有複雜層疊的要素，但只要是將焦點集中在食材上，那麼醬汁也自然是美味的。我自己個人不太在醬汁中添加酒類，也是因為相同的理由，我想要的是沒有用苦艾酒香氣，或紅酒的酸味也能製作完成的醬汁，或更簡單就能完成的醬汁。

醬汁，正因為要完全契合料理的重點，所以高湯或基本高湯等具有能適用各種廣泛用途的特性。「Abysse」是特別著重魚貝類料理的餐廳，以雞高湯來作為美味基礎的基底，取代水分使用的白色高湯。熬煮二天的全雞，藉由高湯熬煮出的雞基本高湯，足以補足醬油風味的濃郁及美味的雞原汁，都是基本常備的。用這些與水果蔬菜泥、水果、乳清、油脂等組合製作而成寬廣的醬汁變化，正是我的手法。

其中，橄欖油是最常使用的。日本魚類纖細的風味，也未必都能與奶油類醬汁相適，但卻需要有油脂類獨特的濃郁及美味。所以在此，活用了許多添加各式香氣的油脂，像是：添加羅勒葉或蝦夷蔥等自製油脂的使用，堅果油、柑橘油、添加鴨兒芹等蔬菜香氣的油脂…等，加入醬汁當中或澆淋在完成的料理上，都能更添豐富香氣地完成。對我而言，或許油脂也可算是了不起的「醬汁」。

料理的食譜配方與
五位主廚的高湯

關於本書中登場的78道料理，

除了醬汁之外，詳細記述了搭配與製作。

合併收錄了五位主廚所使用的18種高湯食譜。

（→8頁）

（→10頁）

（→12頁）

白蘆筍
杏仁果／柳橙
柳橙風味的沙巴雍

—

金山康弘
Hyatt Regency Hakone
Resort and Spa「Berce」

—

［製作方法］

白蘆筍

洗淨白蘆筍去除老莖後煮熟。

杏仁果

❶ 在鍋中加入15cc的水和15g的細砂糖，加熱至120℃左右。放入略微烘烤過的杏仁果（馬爾科納品種），待細砂糖呈茶色前熄火。加入杏仁果混拌至包裹細砂糖變成白色為止。

❷ 再次加熱①，至確實呈現咖啡色為止，使其焦糖化。

❸ 待②稍稍放涼後，切成適當的大小。

完成

❶ 在白蘆筍上刷塗少量的橄欖油，盛盤。在側面倒入柳橙口味的沙巴雍，再滴入橄欖油。

❷ 在①的周圍撒放杏仁果碎、百香果、金蓮花的葉子。

> 加入了酸味的要素搭配，更烘托出醬汁的鹹味。此次雖然使用的是百香果，秋海棠（Begonia）的花等也適合。

蔥汁
蔥燒原汁

—

高田裕介
La Cime

—

［製作方法］

燒烤青蔥

❶ 青蔥放入300℃的烤箱中烘烤，以保鮮膜將其捲成棒狀整合形狀。

❷ 待①的熱度略降後，拆除保鮮膜，切成2cm的長度。以噴槍燒炙斷面。

豌豆

取燒烤青蔥的原汁放入鍋中煮沸，放入豌豆略為燙煮。

完成

❶ 燒烤青蔥放入容器，倒入豌豆和蔥燒原汁。

❷ 散放芽蔥，澆淋蔥油（省略解說）。

> 在醬汁當中，溫熱豌豆，可以讓蔥的甘甜和豌豆的青草味全體融合。

鰤魚壽司飯和豆子
香菇和飯的醬汁

—

生井祐介
Ode

—

［製作方法］

❶ 甜豆以鹽水燙煮約3～5秒。

❷ 在鍋中放入魚高湯煮沸，加入奶油，用鹽調整風味。切成適當大小的四季豆和蠶豆各別加熱。

❸ 在容器內盛放①和②共3種豆子，倒入少量②的煮汁。以大葉玉簪嫩芽包捲香菇和飯的醬汁，撒上酸模（oseille）葉。

> 3種豆類「略加燉煮」的印象，既留有口感又同時保有豐富的風味。

（→14頁）

（→16頁）

（→18頁）

青豆仁
小黃瓜／牡蠣
酸模原汁、甘藍泥

—

金山康弘
Hyatt Regency Hakone
Resort and Spa「Berce」

—

[製作方法]

❶ 青豆仁略加燙煮。

❷ 在容器內擺放①和甘藍泥，再添上切成適當大小的生鮮牡蠣。倒入酸模原汁。

❸ 在②上擺放克倫納塔鹽漬豬脂火腿（Lardo di Colonnata），再擺放上斜切，並使切面烘烤出焦色地的小黃瓜。

❹ 在③上擺放磨削的佩克里諾羊乳起司（pecorino cheese）、切半的櫻桃、酸模葉、繁縷菜。

> 同時可以感受到甜味、酸味、苦味以及礦物質感，各種要素的一道料理，鹽漬豬脂火腿的油脂成分更能融合整體的濃郁感。

筍／海帶芽／櫻花蝦
筍的醬汁

—

生井祐介
Ode

—

[製作方法]

筍

製作筍的醬汁時取出的筍直接油炸製作。

海帶芽慕斯

❶ 海帶芽汆燙後瀝乾水分。

❷ 帆立貝以食物調理機攪打。加入①，繼續攪打，以鹽調整風味。

❸ 在②當中加入蛋白，攪拌，調整其柔軟度。

❹ 將③倒入保鮮膜上，整型成直徑1cm左右的圓柱體。蒸煮。

櫻花蝦

櫻花蝦撒上太白粉油炸。

完成

❶ 在深形容器內交替地層疊上筍和海帶芽慕斯。裝飾上紅酢醬草（oxalis）。

❷ 另外附上筍的醬汁和櫻花蝦。建議先在筍和海帶芽慕斯表面澆淋醬汁品嚐，接著撒放櫻花蝦後一起享用。

> 海帶芽慕斯，確認帆立貝和海帶芽的攪打狀態，若不夠柔軟時，再以蛋白調整即可。

螯蝦／筍
番茄
番茄和山椒嫩芽的醬汁

—

金山康弘
Hyatt Regency Hakone
Resort and Spa「Berce」

—

[製作方法]

螯蝦和筍的層疊油炸

❶ 燙出竹筍的苦味。

❷ 螯蝦保留口感地用刀子粗略切碎。加入蛋白和玉米粉，以食物調理機攪拌，用鹽調整風味。

❸ 在①的竹筍尖端附近切開一半，塗抹上大量的②。

❹ 用50g的00麵粉，加入80g的黑啤酒（健力士Guinness）混拌，作為麵衣。

❺ 將④的麵衣沾裹在③，以橄欖油油炸。

完成

❶ 在容器內盛放帶花芝麻葉，倒入番茄和山椒嫩芽的醬汁。

❷ 螯蝦和筍的層疊油炸切成2等分，斷面朝上地盛放。撒放山椒嫩芽。

> 層疊油炸的麵衣，是以黑啤酒取代水分使用，使麵衣除了酥脆之外更略帶微苦。

（→20頁）

（→22頁）

（→24頁）

春
油菜花泥
馬鈴薯香鬆（crumble）

—

目黑浩太郎
Abysse

—

[製作方法]

球芽甘藍

在加熱橄欖油的平底鍋內放入對切的球芽甘藍（小型），拌炒至上色。

日本象拔蚌

❶ 象拔蚌去外殼，切開水管、蚌肉、繫帶。全部切成粗粒。
❷ 在①上淋上橄欖油，在加熱的平底鍋內煎香。略撒上鹽。
❸ 在②加進切碎的行者蒜（紫蒜），澆淋檸檬汁以溶出鍋底精華。

完成

❶ 將油菜花泥在容器內倒流出圓形，擺放象拔蚌。
❷ 在①上擺放馬鈴薯香鬆，接著彷彿蓋滿一般地盛放球芽甘藍。
❸ 放上油菜花和撕碎的香葉芹。

> 為不損及口感，使用的是挑選過的小型球芽甘藍。

馬鈴薯
昆布和馬鈴薯的醬汁

—

高田裕介
La Cime

—

[製作方法]

麵疙瘩

❶ 馬鈴薯（男爵品種）燙煮後剝去外皮，搗碎。以網篩過濾。
❷ 在①當中加入低筋麵粉、蛋黃、磨削的帕瑪森起司粉、鹽混拌。
❸ 將②整型成直徑4cm左右的球狀，以鹽水燙煮。

完成

❶ 麵疙瘩搭配昆布和馬鈴薯醬汁，溫熱盛盤。
❷ 油炸筆頭菜前端，沾附在①的表面。

> 可作為一道蔬菜料理，也能作為配菜地被靈活運用。昆布和馬鈴薯醬汁也適合搭配清淡的魚或雞肉。

馬鈴薯／魚子醬
蛤蜊和魚子醬的醬汁

—

生井祐介
Ode

—

[製作方法]

馬鈴薯餅

❶ 馬鈴薯（男爵品種）燙煮後剝去外皮，搗碎。以網篩過濾。
❷ 在①中加入低筋麵粉、蛋白混合，擀壓成2mm的厚度。以直徑4cm左右的環形模按壓，以烤箱烘烤。

完成

❶ 馬鈴薯（男爵品種）去皮，切成半圓形薄片。
❷ 在器皿上盛放馬鈴薯餅。擺放上馬鈴薯泥（省略解說），將①的馬鈴薯薄片整形成圓錐狀，插入薯泥形成漂亮的花形。
❸ 在②的馬鈴薯薄片上擺放鱒魚卵。倒入蛤蜊和魚子醬的醬汁，以半開放式烤箱略微加熱。

> 馬鈴薯餅是以生井先生所說：「不甜的餅乾麵團」為印象，烘烤出香脆的口感。

（→26頁）

（→28頁）

（→30頁）

櫛瓜／文蛤
橄欖
文蛤、橄欖和糖漬檸檬的醬汁

—

金山康弘
Hyatt Regency Hakone
Resort and Spa「Berce」

—

［製作方法］
櫛瓜與文蛤泥

❶ 櫛瓜切成小方塊。

❷ 用加熱了橄欖油的平底鍋拌炒少許的大蒜，待散發香氣後加入①。待櫛瓜變軟後，放入百里香，撒入鹽。

❸ 在②中加入少量的水，覆以紙蓋煮至櫛瓜即將爛熟為止。

❹ 以料理機攪打③，使其成為帶有粗粒的泥狀。

❺ 以少量水燙煮文蛤至開殼。取出蛤肉，以料理機攪打成泥狀。

❻ 在④當中加入⑤和少量的蛋黃混拌，以鹽調整風味。

完成

❶ 在櫛瓜花中填入櫛瓜泥和文蛤泥。

❷ 在平底鍋中倒入約1cm的蔬菜高湯，放入①，以180℃的烤箱蒸烤。

❸ 將②盛盤，倒入文蛤、橄欖和糖漬檸檬的醬汁。

> 填入材料的櫛瓜花，浸泡在蔬菜高湯中加熱，可以避免乾燥。

銀杏
鯖魚片和山茼蒿的醬汁

—

荒井 昇
Hommage

［製作方法］

❶ 銀杏去殼帶皮地以米糠油直接油炸。剝除外皮，撒上鹽，沾附菊花瓣。

❷ 將①盛盤，倒入鯖魚片和山茼蒿的醬汁，澆淋上橄欖油。

> 為能與具強烈美味的鯖魚片醬汁均衡呈現，完成時澆淋上的橄欖油請選擇香氣清爽的類型。

烘烤小洋蔥
松露的醬汁

—

荒井 昇
Hommage

［製作方法］
焦糖化小洋蔥

❶ 小洋蔥去皮撒上鹽。以鋁箔紙包覆，放入150℃的烤箱中加熱30分鐘。

❷ 將①對半切開。在融化了奶油的平底鍋中將切面煎燒至焦糖化。

填充小洋蔥

❶ 小洋蔥去皮撒上鹽。以鋁箔紙包覆，放入150℃的烤箱中加熱30分鐘。

❷ 洋蔥薄片與切成細絲的培根，以融化了奶油的平底鍋香煎。以小火拌炒約30分鐘後，再加入鮮奶油，以鹽和胡椒調整風味。

❸ 挖空①填入②。

乾燥小洋蔥

❶ 小洋蔥切成薄片狀。

❷ 混合砂糖、海藻糖和水，製作糖漿。與①一起放入專用袋內，使其成為真空狀態。用60℃的蒸氣旋風烤箱加熱1小時。

❸ 將②從蒸氣旋風烤箱中取出，以蔬菜乾燥機使其乾燥。

完成

❶ 將焦糖化小洋蔥盛盤，撒上按壓成圓片的松露。

❷ 將填充小洋蔥盛盤，撒上按壓成圓片的竹炭麵包丁（省略解說）和乾燥小洋蔥。

❸ 擠上點狀的松露醬汁。

> 利用小洋蔥本身的糖分使其焦糖化，因此選用的是甜味較強的小洋蔥。

（→32頁）

萵筍／魚乾
魚乾的醬汁

—

高田裕介
La Cime

—

［製作方法］

❶ 萵筍（莖用萵苣）剝除外皮，以水浸泡。切成長條狀後，以鹽水燙煮。

❷ 在盤中將①以井字形狀相互交錯擺放，澆淋上魚乾醬汁。

❸ 在②上磨削孔泰起司，撒上馬郁蘭（Marjoram）。澆淋上芥花油（省略解說）。

魚乾醬汁，也很適合雞或羔羊料理。因其風味強烈，也可試著加入磨削的辣根泥等，突顯風味地挑戰其他搭配。

（→34頁）

蕪菁
蕪菁葉醬汁、香草油

—

目黑浩太郎
Abysse

—

［製作方法］

❶ 在缽盆中放入白乳酪（fromage blanc）、鮮奶油、酸奶油混拌。

❷ 在鍋中放入牛奶加熱，煮沸前加入用水還原了的板狀明膠。加入①當中混拌。

❸ 蕪菁去皮，切成薄扇形片。

❹ 將①盛盤，插入捲成圓錐狀的③，層疊成圓頂狀。

❺ 蕪菁葉的醬汁中混拌蒸熟的毛蟹肉，以鹽、胡椒、檸檬汁調整風味。分成幾個點地分別盛放在④的周圍。

❻ 在⑤的周圍澆淋上香草油，再添加上魚子醬。

藉由完成前加入檸檬汁，使醬汁的輪廓不致被模糊，更能烘托出整體的風味。

（→36頁）

蕪菁／鯷魚 杏仁果
鯷魚和杏仁果瓦片

—

金山康弘
Hyatt Regency Hakone Resort and Spa「Berce」

—

［製作方法］

❶ 在供餐前才將蕪菁（蜜桃蕪菁）薄切成扇形片。

❷ 在盤中疊放①和鯷魚、杏仁果瓦片，澆淋上熬煮出濃度的蘋果汁。撒放西洋芹葉。

蘋果汁的酸味與鯷魚特有的風味十分相襯。可以品嚐到蕪菁的爽口，同時又具飽足感。

（→38頁）

（→40頁）

（→42頁）

帶苦的美味
蟾螺肝和咖啡的醬汁

—

高田裕介
La Cime

—

［製作方法］

❶ 削去蘿蔔皮，切成適當的大小，用鹽和增添風味的昆布高湯一起炊煮。切成直徑1cm、長2cm左右的圓柱體。

❷ 在①當中加入蟾螺肝和咖啡醬汁使其混拌。

❸ 將②盛盤，點綴上櫻桃蘿蔔（radish）薄切片和紅酢醬草（oxalis）。

❹ 盤子上半部篩撒上咖啡粉。

> 看起來彷彿巧克力般的外觀就是重點。可以直接作為魚料理的搭配，也能作為野味（gibier）料理的佐醬。

義大利紅菊苣
黃金柑
開心果
黃金柑果泥

—

金山康弘
Hyatt Regency Hakone
Resort and Spa「Berce」

—

［製作方法］

❶ 義大利紅菊苣（tardivo）對半切開，按壓在鐵氟龍加工的平底鍋上兩面烘煎。

❷ 在①的斷面以噴槍燒炙。

❸ 將①盛盤，附上橢圓形的黃金柑果泥。在醬汁周圍淋澆橄欖油。

❹ 將烏魚子磨削在義大利紅菊苣表面。撒上放入烤箱中烘烤過的開心果碎。

> 供餐前才烘烤開心果，在熱熱的狀態下切碎，更能享受到豐富的香氣。

紫菊苣
血腸的醬汁

—

高田裕介
La Cime

—

［製作方法］

香煎紫菊苣

❶ 紫菊苣切成1cm大小的塊狀，以放入橄欖油的平底鍋香煎。用鹽調整風味。

❷ 在①上加入血腸醬汁混拌。

酥炸紫菊苣

❶ 整顆紫菊苣，以橄欖油酥炸。

❷ 將①的下半部沾裹血腸醬汁。

完成

在盤中舖放香煎的紫菊苣，擺上酥炸紫菊苣。撒上鹽。

> 紫菊苣以香煎和酥炸的兩種方式呈現，表現出不同的魅力

（→46頁）

（→48頁）

（→50頁）

牡丹蝦／胡瓜

小黃瓜粉和凍

—

生井祐介
Ode

—

［製作方法］

❶ 剝除新鮮活牡丹蝦的蝦殼，取下蝦頭和泥腸。

❷ 用檸檬汁、萊姆汁、薑汁混合沾裹①，再撒上冷壓白芝麻油和鹽，靜置約10分鐘。

❸ 將②盛盤，澆淋上小黃瓜凍。最上方再撒放小黃瓜粉。

> 使用的是高新鮮度的牡丹蝦。自北海道在水中新鮮活跳狀態送抵的牡丹蝦。

螯蝦

紅蘿蔔

3色蔬菜油

—

高田裕介
La Cime

—

［製作方法］

❶ 螯蝦撒上鹽香煎，去殼。取下蝦頭和泥腸，撒上鹽。

❷ 將①盛盤，倒入3色蔬菜油。

❸ 在②上，增添以紅蘿蔔油混拌過的迷你紅蘿蔔和紅蘿蔔泥。散放紅蘿蔔葉和香葉芹，撒上帆立貝內臟紅色部分（corail）和紅蘿蔔粉（省略解說）。

＊紅蘿蔔泥
製作紅蘿蔔油時取出絞擠的紅蘿蔔放入冷凍粉碎調理機（Pacojet）專用容器冷凍，再攪打而成。

> 蔬菜油，連同蔬菜泥一起使用更能提高其存在感。此外，用於清澄高湯，也能提升顏色及香氣。

龍蝦的照燒

雞內臟醬汁、龍蝦原汁

—

荒井 昇
Hommage

—

［製作方法］

龍蝦的燒烤

❶ 龍蝦（法國布列塔尼產）燙煮後除去蝦殼。

❷ 在①的龍蝦蝦身上刷塗融化的奶油。

❸ 在②上刷塗龍蝦原汁，以半開放式明爐烤箱（salamandre）略為加熱，重覆數次進行燒烤作業。

紅椒堅果醬

❶ 在倒入並加熱了橄欖油的平底鍋中，拌炒切成薄片的大蒜和洋蔥。

❷ 待①的洋蔥拌炒至柔軟後，加入水煮紅椒（piquillo）、整顆番茄、杏仁薄片，熬煮。

❸ 以食物料裡機攪打②，用鹽、胡椒調味。加入艾斯佩雷產辣椒粉（Piment d'espelette）。

完成

❶ 在容器上擺放長方形模，倒入雞內臟醬汁。取下模型。

❷ 在①上擺放龍蝦，搭配橢圓形的紅椒堅果醬。

❸ 點綴切成薄片的杏仁果和玻璃苣（borage）葉。

> 甲殼類搭配雞肝的組合，是從古典傳統料理中得到啟發。添加了紅椒堅果醬更具有中南美風格的提味。

（→52頁）

（→54頁）

（→56頁）

龍蝦貝涅餅
龍蝦醬汁・原汁

—

荒井 昇
Hommage

[製作方法]

龍蝦貝涅餅

❶ 溝對蝦的蝦肉、龍蒿、昆布高湯、鮮奶油，一起用食物調理機攪拌。添加干邑白蘭地和苦艾酒，並以鹽調整風味。

❷ 將預先燙煮好的龍蝦（布列塔尼產）先切成1cm的塊狀，與①混合。用保鮮膜整形包成球狀，沾裹上貝涅餅的麵糊（後面詳述）。

❸ 以米糠油酥炸②。

貝涅餅麵糊

❶ 在鉢盆中放入低筋麵粉、玉米粉、鹽、砂糖、牛奶，如摩擦般混拌均勻。

❷ 將融化奶油和全蛋加入①當中，混拌。

完成

❶ 用月桂葉枝插入龍蝦貝涅餅中，盛盤。

❷ 在另外的容器內放入橢圓形的紅蘿蔔泥，倒入龍蝦的紅酒野味（civet）醬汁。

> 紅蘿蔔泥的甜味與龍蝦還有沾裹龍蝦的貝涅餅麵糊都十分相適，邊溶於醬汁邊享用。

龍蝦
可可／萬願寺辣椒
烏賊墨汁和可可的醬汁

—

金山康弘
Hyatt Regency Hakone
Resort and Spa「Berce」

—

[製作方法]

龍蝦

❶ 把龍蝦對半切開。帶殼斷面朝下地放入鐵氟龍加工平底鍋內，以中火煎烤。

❷ 將①翻面轉成小火，以餘熱加溫。放入奶油，融化後增添香氣完成。

❸ 剝去龍蝦外殼。

萬願寺辣椒

❶ 萬願寺辣椒用平底鍋煎烤後切成圓片。

❷ 用噴槍燒炙①，呈現烤色，撒上鹽。

完成

❶ 將龍蝦盛盤，擺放上克倫納塔鹽漬豬脂火腿（Lardo di Colonnata），撒上鹽。

❷ 在①的旁邊倒入烏賊墨汁和可可的醬汁，滴淋上橄欖油（Taggiasca品種）。

❸ 佐以萬願寺辣椒，撒上蝦卵粉。

> 完成時，使用的是略帶刺激辣味Taggiasca品種的橄欖油，更能提升烘托整體風味。

螢烏賊／西班牙香腸
長根鴨兒芹／筍
螢烏賊和西班牙香腸的醬汁

—

目黑浩太郎
Abysse

—

[製作方法]

筍

❶ 在鍋中加滿水，連同米糠一起將竹筍燙煮30～40分鐘。浸泡於流水中降溫。

❷ 將①除去筍殼，切成一口大小。

❸ 放進加熱了橄欖油的平底鍋中，香煎②至表面呈色為止。

完成

容器內盛裝煎好的筍，澆淋上螢烏賊和西班牙香腸的醬汁，撒上酸模葉。

> 醬汁當中略微熬煮的螢烏賊是主角。嚼感良好的竹筍具有畫龍點睛之效。

（→58頁）

（→60頁）

（→62頁）

螢烏賊／紫菊苣

螢烏賊和西班牙香腸的濃醬

—

生井祐介
Ode

—

[製作方法]

❶ 紫菊苣切成1cm的塊狀，用橄欖油香煎。以鹽調整風味。

❷ 除去螢烏賊的眼睛、嘴和軟骨，沾裹上貝涅餅麵糊（省略解說），用橄欖油酥炸。

❸ 在盤子三個位置擺放①、螢烏賊和西班牙香腸濃醬，再疊放上②和混拌了法式油醋醬的新鮮紫菊苣。

❹ 撒上煙燻紅椒粉。

> 是用螢烏賊濃醬享用螢烏賊的一道料理。新鮮和香煎的二種紫菊苣擔任著中間轉換口味的功能。

烏賊／大葉玉簪嫩芽

絲綢起司的乳霜
羅勒油

—

目黑浩太郎
Abysse

—

[製作方法]

❶ 處理烏賊，身體以生鮮食物吸水墊包覆放置於冷藏靜置二天左右。

❷ 將①用刀子劃出格狀紋，撒上鹽之花（fleur de sel）。

❸ 將②與切成圓片的甜綠番茄一起盛盤。撒上切成適當大小的西洋芹和大葉玉簪嫩葉。

❹ 在③的表面，用絲綢起司（stracciatella）的乳霜劃出線條。

❺ 散放紅葉芥末（red leaf mustard）、香雪球（alyssum）的花、金蓮花、紅酢醬草等香草，撒上松子。

❻ 滴淋羅勒油。

> 以略具黏稠感的烏賊和大葉玉簪嫩葉的組合為出發，聯想到以白綠食材統一整道料理。

烏賊／蘿蔔

蘿蔔泥的醬汁

—

生井祐介
Ode

—

[製作方法]

烏賊

❶ 處理烏賊。身體表面細細地劃切出紋路，拍撒上低筋麵粉。

❷ 加熱鐵氟龍加工的平底鍋，①的劃切面朝下地烘烤。過程中加入孜然粉，增添香氣。

蘿蔔餅

❶ 擰乾水分的蘿蔔泥和低筋麵粉一起混拌。加入鹽調味。

❷ 將①擀壓成1cm厚，放入熱油的平底鍋中兩面煎烤。切成1.5cm的塊狀。

黑米泡芙

❶ 黑米煮成軟爛狀態。

❷ 將①薄薄舖放在烤盤上，以蔬菜乾燥機使其乾燥。

❸ 以180～190℃的熱油略加油炸成膨脹米香狀。

完成

❶ 在容器上盛放蘿蔔餅，覆蓋上克倫納塔鹽漬豬脂火腿（Lardo di Colonnata）。再直立地擺放黑米泡芙和烏賊。

❷ 佐以百里香和切成薄片的黑蘿蔔。

❸ 以挖出中央的蘿蔔段為容器地倒入蘿蔔泥醬汁，與②一起附上。在客人面前將醬汁澆淋至盤中。

> 以大量覆蓋著蘿蔔泥的「雪見鍋（霙鍋）」為主題。佐以蘿蔔餅、新鮮蘿蔔，是一道全蘿蔔料理

（→64頁）

（→66頁）

（→68頁）

透抽和堅果
開心果油

目黑浩太郎
Abysse

———

[製作方法]

透抽
❶ 處理透抽。身體部分用菜刀劃出細格子狀，塗抹上橄欖油。
❷ 用平底鍋略為烘煎①的單面，加入檸檬汁釋出鍋底精華。

黃蜀葵的沙拉
❶ 以奶油香煎金針菇（野生種）。
❷ 在缽盆中放入切成適當大小黃蜀葵的花苞和切碎的紅蔥頭，以油醋（省略解說）混拌。
❸ 在②當中加入①，混拌。

完成
❶ 將透抽放入黃蜀葵沙拉的缽盆中，混合。
❷ 將①色彩豐富地盛盤，圈狀淋上開心果油。散放切碎的粉狀開心果，點綴野生芝麻菜的花和茴香花。

> 富有油脂成分的堅果非常適合帶有黏稠感的透抽，目黑先生表示「開心果或榛果都可以萬用搭配。」

花枝
紅椒／蕪菁甘藍
紅椒原汁、蕪菁甘藍泥

金山康弘
Hyatt Regency Hakone
Resort and Spa「Berce」

———

[製作方法]

❶ 花枝處理後，切成小塊狀。
❷ 將①與檸檬百里香、鹽、橄欖油混拌。
❸ 將②盛盤，旁邊佐以蕪菁甘藍泥。再倒入紅椒原汁。
❹ 在蕪菁甘藍泥上澆淋橄欖油（Taggiasca品種），裝飾上龍蒿的嫩芽。

> 不使用動物高湯，將整體風味柔和地融入。加入蕪菁甘藍泥中的奶油濃香，更烘托出花枝的黏稠甘甜。

短爪章魚／山椒嫩芽
烏龍茶
烏龍茶的醬汁

高田裕介
La Cime

———

[製作方法]

❶ 用鹽揉搓後，以水清洗短爪章魚腳。用鹽水燙煮。
❷ 在烏龍茶醬汁中加入①，溫熱。
❸ 將②盛盤，撒上山椒嫩芽。

> 高田先生說「從吃飯搭配到章魚和山椒佃煮時，得到靈感而製作的料理」。當時正喝著烏龍茶，據說因而產生了這樣的組合。

（→70頁）

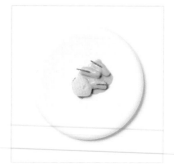

（→72頁）

（→74頁）

文蛤／油菜花
文蛤和油菜花醬汁
苦瓜的泡沫
—

生井祐介
Ode
—

[製作方法]
文蛤
❶ 在鍋中放入酒和水煮沸，放入文
　蛤煮至開口。
❷ 從①的文蛤中取出清理蛤肉。

麵疙瘩
❶ 燙煮後去皮的馬鈴薯（男爵品種）
　以網篩過濾。
❷ 在①中加入低筋麵粉、蛋白、鹽
　混拌。加入芥花油，揉和至產生
　麵筋為止地將麵團整合為一。
❸ 將②整型為直徑1.5cm、長4cm
　左右的圓柱體，放入冷凍室中冷
　卻變硬。
❹ 供餐前將③用鹽水燙煮。放入文
　蛤和油菜花的醬汁中溫熱。

完成
❶ 在盤中盛放文蛤和麵疙瘩。
❷ 文蛤和油菜花的醬汁澆淋在麵疙瘩
　上。點綴上海蘆筍（salicorne）。
❸ 文蛤上覆以苦瓜泡沫。

> 麵疙瘩整合或醬汁的結合，都
> 是使用芥花油，使油菜花的風
> 味與隱約的苦味在盤間重現。

文蛤／葉山葵
文蛤與葉山葵的湯汁
葉山葵油
—

目黑浩太郎
Abysse
—

[製作方法]
文蛤
❶ 文蛤以流動的水清洗，連同少量
　的水一起放入鍋中，蓋上鍋蓋以
　大火加熱。
❷ 待①開口後，熄火。取出蛤肉，放
　在舖有廚房紙巾的方型淺盤中。

完成
❶ 文蛤盛放至盤中，倒入文蛤與葉
　山葵的湯汁。
❷ 滴淋上葉山葵油，點綴上香雪球
　（alyssum）的花。

> 目黑先生：「彷彿是日本料理
> 中的下酒菜般」的溫熱湯品。
> 讓顧客可以品嚐到文蛤開殼瞬
> 間的美味。

孔雀蛤／酸漿果
酸漿果的醬汁、羅勒油
—

目黑浩太郎
Abysse
—

[製作方法]
孔雀蛤
❶ 放少量的水至鍋中煮沸。加入孔
　雀蛤加熱至開殼。
❷ 將①的蛤肉取出。

酸漿果
　酸漿果的果實切成1/4大小，放入
　以橄欖油加熱的平底鍋中香煎。

花生
　帶殼花生燙煮10分鐘。剝去薄
　膜，對半分開。

完成
❶ 將孔雀蛤和酸漿果盛盤，倒入溫
　熱的酸漿果醬汁。淋上羅勒油。
❷ 將花生和向日葵嫩芽撒在①上。

> 目黑先生表示：孔雀蛤的魅力
> 在於「多汁」。像湯品般完成的
> 是「最適合品嚐孔雀蛤美味的
> 方法」。

（→76頁）

（→78頁）

（→80頁）

濃郁
乾燥櫛瓜的酸甜漬
—

高田裕介
La Cime
—

［製作方法］
❶ 將赤貝由殼中剝出清理。
❷ 將貝肉放入貝殼中，澆淋上乾燥櫛瓜的酸甜漬。
❸ 在②當中放入切成小方塊的櫛瓜和生薑，以半開放式明爐烤箱（salamandre）略加溫熱。
❹ 在③上澆淋迷迭香油，盛放在以岩鹽舖底的容器上。

> 這道料理的主題是能直接品嚐到乾燥蔬菜的濃郁、黑糖的濃香、還有豐富味道甘蔗醋的濃醇，以略帶溫熱的狀態上菜。

香氣與美味
茴香風味的法式高湯
—

目黑浩太郎
Abysse
—

［製作方法］
❶ 牡蠣去殼，以水洗淨。
❷ 在鍋中裝滿水，加熱至80℃，燙煮（pocher）①。
❸ 將②的牡蠣瀝乾水分，盛放在容器上。
❹ 在③上倒入茴香風味的法式高湯。
❺ 擺放上切成薄片以鹽和橄欖油調味的茴香、茴香花和小茴香。撒放磨泥的柚子皮。

> 結合了雞高湯和牡蠣美味的湯品，具有強烈的風味。添加了柑橘皮的清爽香氣，讓完成的風味更加協調美味。

漆黑
安可辣椒醬汁
—

高田裕介
La Cime
—

［製作方法］
❶ 燻製牡蠣（省略解說）沾裹上安可辣椒（chile ancho）醬汁。
❷ 將①擺放在黑色的盤中，搭配黑色石頭上擺放著1粒直接油炸的銀杏。

> 安可辣椒的醬汁，本是為了搭配泥鰍料理而創作出來的。此時不搭配清爽的蔬菜高湯而是改用風味紮實的雞高湯，更能突顯風味。

（→82頁）

（→84頁）

（→86頁）

菊苣和牡蠣的燉飯
醬汁・莫雷

—

荒井 昇
Hommage

[製作方法]

牡蠣的事前處理

❶ 剝開牡蠣殼取出牡蠣。殘留在牡蠣殼上的原汁也倒出備用。

❷ 昆布高湯和①的部分牡蠣原汁一起放入鍋中煮沸。

❸ 將①的牡蠣放入②當中燙煮。

菊苣和牡蠣的燉飯

❶ 特雷維索菊苣（trévise）切成適當大小，以紅酒燉煮。

❷ 將雞高湯和牡蠣原汁放入鍋中煮沸。放入生米（日本米）加熱，製作燉飯。

❸ 在②的燉飯煮至七成時，加入①，用鹽調整風味。完成前才加入事前處理過的牡蠣。

完成

❶ 在盤中放置環形模，撒上覆盆子粉。取下環形模。

❷ 將環形模放置在與①的覆盆子粉的圓形部分重疊處，將菊苣和牡蠣的燉飯盛入環形模中。取下環形模。

❸ 側邊澆淋上莫雷醬汁。

> 特雷維索菊苣的苦味和牡蠣的礦物感，都用莫雷醬汁當中巧克力的濃郁來和緩。

牡蠣和白花椰菜
牡蠣和白花椰菜的醬汁

—

生井祐介
Ode

[製作方法]

牡蠣

❶ 牡蠣去殼，以58℃的熱水，燙煮（pocher）。

❷ 在①上拍撒低筋麵粉，用融化奶油的平底鍋香煎（meunière）。

豬耳朵

❶ 事先燙煮的豬耳朵切成1cm塊狀，連同鯷魚、酸豆、酸豆原汁一起翻炒。

❷ 在①當中加入雪莉醋、豬原汁（省略解說）溶出鍋底精華。以鹽調整風味。

油炸羽衣甘藍和粉末

❶ 羽衣甘藍放入蔬菜乾燥機內使其乾燥。

❷ 將①直接油炸，製作成油炸羽衣甘藍。

❸ 用攪拌機將乾燥的①攪碎，製成羽衣甘藍的粉末。

完成

❶ 將牡蠣盛盤，擺放豬耳朵。從上方澆淋上大量的牡蠣和白花椰菜醬汁。

❷ 在①的上方覆蓋油炸羽衣甘藍，在整個器皿表面撒上羽衣甘藍的粉末。

> 翻炒豬耳朵，搭配牡蠣和白花椰菜醬汁之外，本身也具有醬汁的作用。強調酸甜的調味就是關鍵。

帆立貝／蕪菁／烏魚子
白乳酪和酒粕的醬汁
柚子泥

—

高田裕介
La Cime

[製作方法]

❶ 帆立貝切成1cm的塊狀，用噴槍略略燒炙。

❷ 蕪菁切成1cm方塊，撒上鹽，與白乳酪和酒粕的醬汁混拌。

❸ 在容器上倒入柚子泥，擺放①和②，再撒放切成小方塊的烏魚子，澆淋上橄欖油。

> 酸味和美味為主旨的組合。烏魚子具有較強的鹹味，因此柚子泥略多就能夠取得美味的平衡了。

（→88頁）

（→90頁）

油菜花／皺葉菠菜 干貝
雞和干貝的法式海鮮濃湯（Bisque）

—

荒井 昇
Hommage

—

［製作方法］

❶ 干貝放入水中浸泡一夜還原。

❷ 在平底鍋中加熱焦化奶油，拌炒切成適當大小的皺葉菠菜莖和油菜花。加入①和烏醋，繼續拌炒。

❸ 攤開以鹽水燙煮的皺葉菠菜葉，將②包覆於其中。在供餐前蒸熱加溫。

❹ 將③盛盤，加入雞和干貝的法式海鮮濃湯。點綴上油菜花。

> 用皺葉菠菜包覆的干貝和油菜花，就是法式海鮮濃湯的調味。雞與干貝的風味都能在此充分品嚐。

海膽／紅椒
紅椒泥、海膽美乃滋

—

生井祐介
Ode

—

［製作方法］

油炸豬皮

❶ 清潔豬皮。放入專用袋內，使其成為真空狀態，蒸24小時。

❷ 在①當中會將豬皮的油脂和膠質分離，丟掉油脂僅留膠質。

❸ 將②製成長方片狀，放入蔬菜乾燥機內使其乾燥。

❹ 直接油炸③。

完成

❶ 將紅椒泥和海膽美乃滋各別裝入軟管瓶（dispenser）內，在容器中央擠出線條。

❷ 在①的上面盛放海膽和醃漬紅洋蔥，撒放三色堇的花和紅酸模（oseille）葉。

❸ 用油炸豬皮覆蓋在②上方，撒上煙燻紅椒粉。

> 紅椒泥和海膽美乃滋的組合，也可以直接活用作為吉拿棒（churros）的醬汁。

（→94頁）

（→96頁）

（→98頁）

嘉鱲魚
鯛魚和油菜花的湯
—
目黑浩太郎
Abysse
—

［製作方法］

❶ 嘉鱲魚分切成三片，再切成1人份的大小。撒上鹽。

❷ 以70℃、濕度100%的蒸氣旋風烤箱，將①蒸7～8分鐘。

❸ 將②盛盤，加入油漬香草和檸檬汁，倒入鯛魚和油菜花的湯汁。

❹ 撒放羽衣甘藍的粉末，以紅酢醬草、高山蓍（Chinese yarrow）、紅葉芥末、油菜花裝飾。

> 是能品嚐嘉鱲魚皮下美味膠質的一道料理。將油菜花變成羽衣甘藍，湯汁中添加上松露，就能變身成更為豐盛的一道料理了。

銀魚的溫沙拉
黑橄欖、糖漬檸檬、乾燥番茄、鯷魚
—
目黑浩太郎
Abysse
—

［製作方法］

❶ 皺葉甘藍切成細絲，以奶油拌炒。用鹽調味。

❷ 預熱備用的盤子上，圓形地盛放與黑橄欖醬汁混拌好的銀魚。

❸ 擺放切碎的糖漬檸檬（citron confit）、乾燥番茄、鯷魚，再撒上香葉芹。擺放①覆蓋全體。

> 容易失去鮮度的銀魚，目黑先生表示「正因如此才更是Abysse想要挑戰的食材」。也可以澆淋上蜂斗菜的清湯，作為湯品。

銀魚／番茄和甜菜
番茄和甜菜的清湯及高湯凍
—
生井祐介
Ode
—

［製作方法］

大葉玉簪嫩芽

　大葉玉簪嫩芽的白色部分切成細絲，浸泡在水中。

醃梅泥

❶ 醃梅去籽，以網篩過濾果肉。

❷ 在①當中混拌黃芥末、孜然粉、橄欖油、蜂蜜。

完成

❶ 新鮮的銀魚以紅芋醋輕輕混拌，盛放在容器上，鋪放番茄甜菜高湯凍和醃梅泥。

❷ 在①上覆蓋大葉玉簪嫩芽，撒上花穗。

❸ 另附溫熱的番茄甜菜清高湯，至客人面前才澆淋在②上。

> 是以銀魚冰冷、湯汁溫熱的狀態上桌。利用湯汁的熱度使銀魚略為受熱，伴隨著各種稠度的高湯凍和濃醬一起享用。

（→100頁）

（→102頁）

（→104頁）

櫻鱒
白蘆筍
白蘆筍的芭芭露亞

—

生井祐介
Ode

—

［製作方法］

醃漬鮭魚

❶ 櫻鱒分切成三片。在魚肉上撒放白糖醃漬20～30分鐘備用。

❷ 待①的水分滲出後，再充分塗抹食鹽（大約是櫻鱒重量的1.2～1.4％）。約放置2小時後沖洗乾淨，剝去魚皮。

❸ 將②連同杏仁油一起放入專用袋內，使其成為真空狀態。浸泡於38℃的熱水中，加熱25～30分鐘。

❹ 若將③放入冷凍，則在使用前自然解凍即可。

完成

❶ 醃漬鱒魚切成適當大小盛盤。佐以習成橢圓形的魚子醬。

❷ 用虹吸氣瓶將白蘆筍芭芭露亞擠在①的周圍幾處。

❸ 裝飾上琉璃苣的花。

> 冷凍醃漬的櫻鱒，是為了預防因海獸胃線蟲造成的食物中毒。根據日本厚生勞働省之建議，最推薦放置於-20℃、冷凍24小時。

櫻鱒／山茼蒿／枇杷
山茼蒿泥、糖煮枇杷

—

金山康弘
Hyatt Regency Hakone
Resort and Spa「Berce」

—

［製作方法］

櫻鱒的瞬間燻製

❶ 先將櫻鱒分切成三片。撒上鹽和少量的糖，冷凍。

❷ 將①自然解凍後，剝去魚皮，切成1cm厚的魚片。

❸ 在供餐前，以櫻木片瞬間燻燻。

小蕪菁

以平底鍋將小蕪菁烘燒至出現焦色。

完成

❶ 在盤中盛放燻製好的櫻鱒，佐以山茼蒿泥和糖煮枇杷。

❷ 附上小洋蔥和醋漬紅洋蔥（省略解說），撒上馬郁蘭葉。澆淋橄欖油（Taggiasca品種）。

> 在這道料理當中，醬汁與搭配食材的界線幾乎是消失了。枇杷、帶葉小蕪菁、醋漬紅洋蔥與櫻鱒，都是口感各不相同的食材，結合了山茼蒿泥發揮其融合的效果。

煙燻魚
煙燻奶油

—

目黑浩太郎
Abysse

—

［製作方法］

醃漬鮭魚

❶ 先將櫻鱒分切成三片，撒上岩鹽、細砂糖、芫荽、大茴香、月桂葉、海藻糖。在冷藏室放置半天～一天，醃漬。

❷ 將①用水洗淨，瀝乾水分。放入專用袋內使其成為真空狀態，放入冷凍。

❸ 將②自然解凍，切成片狀。

魚卵

❶ 在2L 40～50℃的溫熱水中，溶入15g的鹽。將魚卵巢放入當中將魚卵散開。

❷ 在鰹魚高湯中加入酒、味醂、醬油、鹽混合煮沸，放涼。在此時放入①浸泡一夜。

四方竹

用水煮四方竹。切成適當大小。

完成

❶ 在容器上盛放醃漬鮭魚，擺放上大量魚卵。倒入煙燻奶油（beurre battue fumé）。

❷ 撒上四方竹與芽蔥，滴淋蝦夷蔥（ciboulette）油。

> 搭配的四方竹是一種小型的竹筍，柔軟的嚼感是其特徵。與一般的竹筍不同，可以在秋天（10～11月）採收到。

（→106頁）

（→108頁）

（→110頁）

鯛魚／韭蔥／金橘
白波特酒的醬汁

—

金山康弘
Hyatt Regency Hakone
Resort and Spa「Berce」

[製作方法]

鯛魚
❶ 鯛魚分切成三片，成為略大的片狀。
❷ 在①上撒鹽，魚皮朝下地放在鐵氟龍加工的平底鍋內。不時地按壓使魚皮煎出香氣，魚肉膨脹柔軟。
❸ 當②完成後，切出一人份。

韭蔥
韭蔥切成1.5cm的塊狀，以大火加熱平底鍋地將其香煎至仍留有口感的程度。以鹽調整風味。

完成
❶ 鯛魚切面朝上地盛盤。
❷ 在①的側邊盛放韭蔥、切成細絲的金橘皮、琉璃苣花、金蓮花。撒放磨削的乾燥酸豆。
❸ 倒入白波特酒的醬汁。

> 金山先生表示「有時過度美味的醬汁，反而會使料理失衡」。為避免中和掉本身已經具有相當優質風味的鯛魚，這次搭配的是極簡的醬汁。

烤鯛魚
番紅花風味的鯛魚原汁

—

荒井 昇
Hommage

[製作方法]

鯛魚
❶ 鯛魚分切成三片，片出魚肉。浸泡在柚庵地醬汁*中15分鐘。
❷ 擦乾①的水分，魚皮朝上地放入半開放式明爐烤箱（salamandre）烘烤。過程中翻面烘烤至魚肉鬆軟膨脹起來。完成烘烤後剝去魚皮。
❸ 在②上塗抹蒔蘿油*。

＊柚庵地醬汁
醬油、酒、昆布水以1:1:1的比例混合的醬汁。

＊蒔蘿油
切碎的蒔蘿浸泡在米糠油中製作而成。

搭配
❶ 切細絲的馬鈴薯整合成球狀，直接油炸。用敲碎的紫馬鈴薯的脆片（省略解說）沾裹。
❷ 燙煮蠶豆。搭配切碎的紅蔥頭，以油醋醬（省略解說）混拌。

完成
❶ 將搭配的蠶豆舖墊在盤子上，再擺放鯛魚。
❷ 炸馬鈴薯疊放在鯛魚上，點綴挖成圓形的孔泰起司和高山薯。
❸ 在②的旁邊倒入番紅花風味的鯛魚原汁。

> 混合了味道豐富鯛魚本身的原汁，是一道正面迎擊的料理。孔泰起司、蠶豆、馬鈴薯等味道濃郁的搭配，讓整體有豐厚的呈現。

苦味
可可風味的紅酒醬汁

—

目黑浩太郎
Abysse

[製作方法]

星鰻
❶ 將星鰻以60～70℃的熱水汆燙，以菜刀刮除其黏滑部分。切去頭部，取出內臟，片切成三片。
❷ 在①的星鰻烘烤前撒上鹽。澆淋上橄欖油，放在烤架上烘烤。

塊根芹
❶ 塊根芹去皮，切成2mm的厚度。
❷ 加熱倒入橄欖油的平底鍋，放入①，香煎至呈色為止。

可可瓦片
❶ 混拌可可粉、麥芽糖、細砂糖。
❷ 將①倒入舖有烤盤紙的烤盤上，薄薄地延展開。用150℃的烤箱烘烤5分鐘。

完成
❶ 將星鰻盛盤，澆淋上可可風味的紅酒醬汁。
❷ 在①上方擺放塊根芹，再覆蓋上可可瓦片。

> 以傳統的「紅酒燉煮鰻魚matelote」為基礎，但摸索增加「烤魚香氣」的方法，故將烤星鰻和紅酒醬汁分解完成的作品。

（→112頁）

菊芋蒸蛋
煙燻鰻魚
發酵菊芋和松露的醬汁

—

荒井 昇
Hommage

—

[製作方法]

菊芋蒸蛋
❶ 用水煮菊芋皮。以網篩過濾。
❷ 將打散的全蛋和鹽混合加入①當中，倒入供餐用容器。放入90℃的蒸鍋中蒸10分鐘。

完成
❶ 用平底鍋將燻製鰻魚烘烤至焦黃，切成一口大小。
❷ 在菊芋蒸蛋的容器中，倒入發酵菊芋和松露的醬汁。擺放上①，撒上油菜花。

> 鰻魚的燻製，是將一夜干的鰻魚用櫻木屑冷燻製成的。香氣與油脂成分與菊芋發酵的酸味搭配得恰到好處。

（→114頁）

苦香
烤茄子冷製粉末
濃縮咖啡油

—

目黑浩太郎
Abysse

—

[製作方法]

鰹魚
將鰹魚的魚肉切成條狀，去皮。僅烘烤魚皮那一面，切成1cm左右的厚度。

柳橙粉
橙皮燙煮過3次之後，放入蔬菜乾燥機內使其乾燥，再以料理機攪打製成。

完成
❶ 將鰹魚盛盤，撒上鹽之花（fleur de sel）。滴淋上濃縮咖啡油，撒上大量的烤茄子冷製粉末。
❷ 撒放柳橙粉和紅酢醬草。

> 也有像是稻燒鰹魚，將表面燒炙後再以冰水緊實魚肉的作法，但目黑先生認為「總覺得水水的」。因此，在盛盤時，利用冷製粉末來冷卻，重現了稻燒鰹魚的溫度和口感。

（→116頁）

鯖魚與熟成牛脂
鯖魚和乳清的醬汁

—

高田裕介
La Cime

—

[製作方法]

❶ 鯖魚分切成三片，撒上鹽。帶皮面朝下地在平底鍋內烘煎。受熱至6成左右即取出。
❷ 將①切成1cm的厚度，直接在火上燒炙出燒烤色澤。去皮。
❸ 取②的3片魚肉盛盤，搭配帶皮切成薄片的青蘋果（granny smith品種）。
❹ 在③的鯖魚上澆淋鯖魚和乳清的醬汁。

> 搭配熟成牛脂風味是醬汁的重點，鯖魚直火燒炙散發香氣的同時，也可滴落油脂。

（→118頁）

紅金眼鯛
青豆、金針菇、櫻花蝦的醬汁
—
目黑浩太郎
Abysse
—

［製作方法］

紅金眼鯛
❶ 紅金眼鯛（靜岡縣產）分切成三片，撒上鹽。靜置於冷藏室半天除去水分。
❷ 在加熱米糠油的平底鍋內將①的魚皮朝下放置，煎烤至出現金黃色澤。
❸ 放入300℃的烤箱中，將②加熱2分半鐘。

完成
❶ 將紅金眼鯛切成一人享用的大小，切面撒上鹽。
❷ 將①的切面朝上地盛盤，搭配青豆、金針菇和櫻花蝦的醬汁。
❸ 附上野豌豆。

> 目黑先生：「紅金眼鯛有著似蝦子的香氣」，以香氣近似者的結合為出發點，醬汁中採用了櫻花蝦。

（→120頁）

甜栗
和栗泥
—
目黑浩太郎
Abysse
—

［製作方法］

馬頭魚
❶ 馬頭魚分切成三片。再片切成一人份的大小，撒上鹽。烘烤時為使魚鱗容易立起，用水濡濕表皮，在魚鱗間塗抹上橄欖油。
❷ 在加熱橄欖油的平底鍋內，將①的魚片以魚鱗朝下的方向放入。待魚鱗立起後，移入300℃的烤箱中，烤至整體鬆軟膨起。

原木香菇
原木香菇以斜刀片切後，用橄欖油香煎。以鹽調整風味。

完成
❶ 馬頭魚鱗朝下地盛放在盤中。上方擺放原木香菇。
❷ 將和栗泥裝入擠花袋中，在①的上方以製作糕點蒙布朗般地擠出來。
❸ 在②上撒放日本國產香菇的粉末*。

＊日本國產香菇的粉末
將20種日本國產香菇乾燥後製成的粉末。

> 這是從以蛋白霜為基底製作出的糕點，蒙布朗當中得到的構想，硬脆的馬頭魚鱗在盛盤時變成最底層。

（→122頁）

馬頭魚的松笠燒
魚白子湯、黃色蕪菁泥
—
荒井 昇
Hommage
—

［製作方法］

馬頭魚的松笠燒
❶ 馬頭魚分切成三片。抹上鹽巴使魚鱗立起。
❷ 擦乾①的水分，切成一人份大小的魚片狀。
❸ 在平底鍋中，倒入約1cm深的米糠油加熱。將②的馬頭魚鱗片朝下地放入鍋中。使魚鱗立起地確實煎炸。
❹ 在完成煎炸前倒掉油脂。將馬頭魚翻面煎，魚肉部分極短時間即可完成。

完成
❶ 黃色蕪菁泥中加入切碎的松露混拌。
❷ 在湯盤中倒入橄欖油，盛放①。倒入魚白子湯，盛放馬頭魚的松笠燒。
❸ 在②上撒放黃檸檬的表皮（Zest）。

> 魚白子湯當中漂浮著黃金色的馬頭魚，是令人印象深刻的一道料理。因為以黃色蕪菁泥作為底座，所以不能太過柔軟，就是製作的要領。

（→124頁）

（→126頁）

（→128頁）

七星斑／香菇
乾香菇和焦化奶油的醬汁
—

生井祐介
Ode
—

[製作方法]

七星斑
❶ 七星斑分切成三片，再切成魚片。
❷ 在①上撒鹽，表皮朝下地放進倒入橄欖油的平底鍋中，香煎。
❸ 將②切成方便享用之大小。

法式香菇碎
❶ 香菇切碎，在融化了奶油和豬油的平底鍋中拌炒。用鹽調味。
❷ 用燙煮過的菠菜包覆①，捲成棒狀。

帆立貝的脆片
❶ 帆立貝冷凍後切成極薄的薄片。
❷ 塗抹上冷壓白芝麻油，撒上鹽，放入蔬菜乾燥機內使其乾燥。

完成
❶ 在容器中央處倒入乾燥香菇和焦化奶油的醬汁。
❷ 在①的周圍擺放七星斑。佐以菠菜香菇卷和燙煮過對半切開的香菇。
❸ 在香菇的旁邊，少量地放置第戎黃芥末醬和菠菜泥（省略解說）的混合醬。
❹ 擺放上②的帆立貝脆片，用金蓮花點綴。

> 各種香菇烹調的組合，是充滿美妙風味的一道料理。帆立貝能增添與香菇不同的美味，讓完成的料理更具深度。

石斑魚／蛤蜊 大豆
魚乾的醬汁
—

高田裕介
La Cime
—

[製作方法]

❶ 紅石斑魚處理後取出魚頰肉。用鹽略為醃漬，以昆布高湯燙煮。
❷ 在鍋中放少量的水和酒煮至沸騰，放入完成吐砂的蛤蜊，煮至開口。切下吐出的外套膜（伸出外側的部分）。
❸ 將①盛盤，澆淋上魚乾的醬汁。撒上②蛤蜊的外套膜和煮大豆。

> 煮大豆是在製作魚乾醬汁時熬煮的大豆，放入料理機攪打前取出少許備用的。在濃稠的醬汁中，大豆和蛤蜊的口感十分提味。

比目魚／蜂斗菜
蜂斗菜和洛克福起司濃醬
—

目黑浩太郎
Abysse
—

[製作方法]

❶ 比目魚分切成三片。撒上鹽放入冷藏室靜置2小時。
❷ 將①的魚皮剝除，切成一人份的大小。
❸ 在鐵氟龍加工的平底鍋中加熱奶油，②的魚皮面朝下地放入鍋中。用小火確實香煎。完成前翻面。
❹ 將③的比目魚盛盤。旁邊佐以整形成橢圓形的蜂斗菜和洛克福起司（roquefort）濃醬。

> 比目魚確實地香煎，可以讓表皮的膠質更加散發香氣。搭配食材排放在側，讓調味料般的醬汁更有存在感。

（→130頁）

（→132頁）

（→134頁）

魚白子的燉飯
自製發酵奶油

—

生井祐介
Ode

［製作方法］
白子燉飯
❶ 在鍋中加熱魚高湯，融化奶油。放入米（日本米），炊煮燉飯。在完成前加入地瓜泥（省略解說），以鹽調整風味。
❷ 鱈魚白子預先燙煮。瀝乾水分，用半開放式明爐烤箱（salamandre）加熱表面。
❸ 在①當中放入②，輕輕混拌使其融合。

完成
❶ 在容器中盛放白子燉飯。切成細條狀的松露和黑大蒜插在燉飯上。
❷ 倒入溫熱的自製發酵奶油。

> 白子放入半開放式明爐烤箱時，要使其表面確實凝固，中央仍濃稠地完成。加入燉飯時也不要過度混拌。

魚白子
魚白子的薄膜

—

高田裕介
La Cime

［製作方法］
❶ 用熱鹽水汆燙白子。瀝乾水分。
❷ 將①盛盤，覆蓋上白子的薄膜。

> 以白色為基調，構成極簡之料理。容器不使用白色，而是帶有圖樣或是圖紋會更適合。

亞魯嘉魚子醬／百合根
檸檬風味的沙巴雍醬汁

—

金山康弘
Hyatt Regency Hakone
Resort and Spa「Berce」

［製作方法］
❶ 亞魯嘉魚子醬（Avruga）呈橢圓形取出，擺盤。旁邊用虹吸氣瓶擠出檸檬風味的沙巴雍醬汁。
❷ 在①的沙巴雍醬汁上撒放鹽水汆燙的百合根，以龍蒿裝飾。
❸ 滴淋上橄欖油（Correggiola品種）。

> 完成時的橄欖油，使用的是沒有特殊氣味風味柔和的Correggiola品種

（→138頁）

村越鬥雞的膠凍
辣根風味
辣根的醬汁

荒井 昇
Hommage

[製作方法]

❶ 雞（村越鬥雞）胸浸泡在柚子醋醬油中，醃漬1小時。
❷ 以熱水汆燙①的雞胸肉。
❸ 待②略微降溫後，放在網架上，澆淋辣根醬汁，稍待凝固後再重覆澆淋，約重覆3次。放入冷藏室冷卻凝固。
❹ 毛蟹肉、魚子醬、切碎的紅蔥頭，用美乃滋（自製）混拌，撒上艾斯佩雷產辣椒粉。
❺ 將③盛盤，擺放④，以迷你小蕪菁葉、紅酢醬草裝飾。

> 醬汁凝固時容易產生龜裂，所以才要在雞胸肉上重覆幾次刷塗。

（→140頁）

川俣鬥雞／紅蘿蔔
川俣鬥雞和紅蘿蔔的醬汁
牛肝蕈的泡沫

生井祐介
Ode

[製作方法]

無骨肉卷（ballottine）
❶ 雞（川俣鬥雞）的腿絞肉、絞肉重量1.2%的鹽、胡椒、蛋白一起混拌。加入切碎的豬耳朵*再繼續混拌。
❷ 雞（川俣鬥雞）的胸肉一片切開，包覆①。用豬脂網包覆，捲成直徑10cm的圓筒狀。以保鮮膜包覆並以風箏線綁緊。
❸ 將②放入56℃的低溫慢煮機（water bath）當中加熱30～40分鐘。
❹ 在平底鍋中融化豬油，將③的表面煎成黃金色澤。

＊豬耳朵
豬耳朵先鹽漬（saumure）一天，用第二次的雞高湯燙煮後，冷藏冷卻緊實。

搭配
❶ 製作紅蘿蔔泥。紅蘿蔔切成薄片，用第二次的雞高湯燙煮。用鹽調味。
❷ 以料理機攪打成泥狀。
❸ 製作香煎紅蘿蔔。迷你紅蘿蔔以豬油香煎。
❹ 製作紅蘿蔔薄片。紅蘿蔔切成薄片後，汆燙，用油醋醬混拌。

完成
❶ 將切成1.5cm厚的無骨肉卷盛盤。
❷ 搭配紅蘿蔔泥、香煎和薄片。
❸ 倒入川俣鬥雞和紅蘿蔔的醬汁，在無骨肉卷上擺放牛肝蕈泡沫。

> 以川俣鬥雞的高湯為媒介，同時能品嚐到濃縮的紅蘿蔔精華，是這道料理的主題。搭配的是各種調理法的紅蘿蔔。

（→142頁）

烤村越鬥雞
綠花椰菜泥和
綠花椰菜藜麥

荒井 昇
Hommage

[製作方法]

烤村越鬥雞
❶ 雞（村越鬥雞）胸肉修整成長方形，撒鹽。放入袋內，以60℃的低溫慢煮機（water bath）加熱1小時。
❷ 在平底鍋內放入較多的米糠油，將雞皮朝下地放入鍋中煎烤。

搭配
❶ 燙煮藜麥後使其乾燥。以180℃的米糠油油炸後，撒上鹽。
❷ 燙煮藜麥後，混拌橄欖油和檸檬汁。撒上鹽。

完成
❶ 烤雞（村越鬥雞）切成一人份大小，盛盤。擺放紅酢醬草的葉子。
❷ 倒入綠花椰菜泥，用紅酢醬草花裝飾。
❸ 綠花椰菜藜麥以橢圓形盛放，用紅酢醬草花裝飾。
❹ 各別盛放搭配兩種藜麥。

> 雞胸放在油脂中半煎炸的感覺，特別是雞皮的部分會呈現出噴香美味的口感。

（→144頁）

（→146頁）

（→148頁）

燒烤雞胸
玫瑰奶油
雞肉原汁

—

高田裕介
La Cime

—

[製作方法]

❶ 雞胸肉用鹽、百里香、月桂葉、檸檬汁醃漬。

❷ 將①放入80℃、濕度100%的蒸氣旋風烤箱中加熱，之後切成細長條。

❸ 待②冷卻後，刷塗雞原汁（jus de poulet）放入半開放式明爐烤箱（salamandre）風乾，約重覆3次。

❹ 將③盛盤，散放可可碎粒。

❺ 將玫瑰奶油盛裝在另外的容器，覆以玫瑰花。搭配④上桌。

> 擺放玫瑰奶油時，需要因熱度而融化，所以雞胸肉要以熱騰騰的狀態供餐。充分加熱餐盤也是重點。

鵪鶉／羊肚蕈
綠蘆筍

鵪鶉原汁

—

金山康弘
Hyatt Regency Hakone
Resort and Spa「Berce」

—

[製作方法]

鵪鶉的烘烤（rôti）

❶ 處理鵪鶉成帶骨綁縛狀。撒上鹽，以平底鍋用大火封住美味。放入230℃的烤箱，翻面烘烤。

❷ 將①取出，切出胸肉。

羊肚蕈

清潔羊肚蕈，切成適當大小，用平底鍋拌炒呈色。

綠蘆筍

加熱橄欖油的平底鍋中拌炒綠蘆筍（義大利產）。

完成

❶ 在盤中盛放烤鵪鶉，倒入鵪鶉原汁。

❷ 搭配羊肚蕈和綠蘆筍，用紅色生菜葉裝飾。

> 預告春天到來的羊肚蕈和綠蘆筍，搭配鵪鶉原汁是簡單又出色的組合。

烤布雷斯鴿子
鴿腿肉炸餅

中華粥和鴿內臟醬汁

—

荒井 昇
Hommage

—

[製作方法]

烤布雷斯產的鴿子

❶ 鴿子（布雷斯Bresse產）處理成帶骨綁縛狀，以65℃的低溫慢煮機（water bath）加熱25分鐘。

❷ 在平底鍋中放入約1cm高的米糠油，加熱。將①的鴿皮朝下放入，半煎煎表面。

❸ 將②放至溫暖處，利用餘溫使其受熱。將胸肉切成細條狀。

鴿腿肉炸餅

❶ 鴿子的腿肉切成小方塊，以焦化奶油拌炒。

❷ 奶油中拌入大蒜泥和切碎的平葉巴西利，製成大蒜奶油。

❸ 混合①和②，填入半球形的模型中，放入冷藏室使其冷卻凝固。將兩個半圓疊合成球形。

❹ 依序在③上沾裹低筋麵粉、打散的全蛋、麵包粉，放入160℃的米糠油中油炸。

完成

❶ 中華粥圓形地倒入盤中，鴿內臟醬汁在身體前方以小圓形狀倒入盤中。

❷ 在①上擺放布雷斯產的烤鴿胸肉和胸肉絲，撒上鹽之花。搭配鴿腿肉炸餅。

❸ 用油醋醬混拌繁縷（stellaria）和西洋菜（watercress）的嫩芽作為裝飾。

> 醬汁的用量是中華粥較多，內臟醬汁較少。兩者的搭配正可以看出完美的平衡。

（→150頁）

（→152頁）

（→154頁）

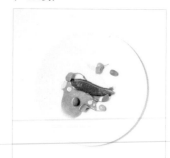

甘藍葉
包覆山鷸鶉和螯蝦
螯蝦原汁的沙巴雍醬汁

—

荒井 昇
Hommage

—

［製作方法］

❶ 山鷸鶉（perdreau rouge）的胸肉切成片。以加熱米糠油的平底鍋香煎兩面。撒上鹽。
❷ 香煎螯蝦，去殼。撒上鹽。
❸ 皺葉甘藍切細絲，以鹽水燙煮。平底鍋加熱奶油，拌炒至出水變軟，加水後繼續燉煮。用鹽和胡椒調整風味。

完成

❶ 燙煮皺葉甘藍，切成直徑10cm的圓形。
❷ 將①放置在盤中央，單側盛放拌炒至出水的甘藍。其上擺放切成長條形的山鷸鶉與對半切開的螯蝦。皺葉甘藍對折翻覆蓋成半圓形。
❸ 在②的旁邊以虹吸氣瓶擠出螯蝦原汁的沙巴雍醬汁，撒上艾斯佩雷產辣椒粉

> 山鷸鶉和螯蝦，是山珍海味的組合。為了方便享用且品嚐出龍蝦口感，將山鷸鶉切成薄長條。

烤鷗鴣
白腎豆的白汁燉肉
（fricassée）
鮑魚肝醬汁

—

荒井 昇
Hommage

—

［製作方法］

烤鷗鴣

❶ 鷗鴣胸肉處理成帶骨綁縛狀，撒上鹽。用平底鍋大火封住肉汁之後，放入烤箱翻面烘烤。
❷ 從①將胸肉切出，分切成1人份的大小。

蒸鮑魚

❶ 剝除鮑魚殼，清潔鮑魚肉。
❷ 在壓力鍋中放入①、昆布水、生火腿、鮑魚的蒸煮湯汁*，加熱30分鐘。直接放置冷卻。
❸ 將②分切成1人份的大小。

＊鮑魚的蒸煮湯汁
將前次蒸鮑魚作業時的蒸煮湯汁冷藏保存使用

鮑魚肝德式麵疙瘩
（Leberspätzle）

❶ 鮑魚肝、高筋麵粉、全蛋和水混合攪拌。填入擠花袋內。
❷ 在平底鍋中加熱米糠油，油炸①擠下來的材料。撒上鹽。

完成

❶ 在盤中並排盛放烤鷗鴣和蒸鮑魚。
❷ 倒入白腎豆的白汁燉肉（fricassée）和鮑魚肝的醬汁，散放茴香花和葉。撒放鮑魚肝的粉末（省略解說）。

> 蒸鮑魚，使用昆布水和生火腿更增加多重的美味，製作出能與鷗鴣抗衡的風味。

綠頭鴨／橄欖／銀杏
綠頭鴨原汁

—

金山康弘
Hyatt Regency Hakone
Resort and Spa「Berce」

—

［製作方法］

綠頭鴨

❶ 切出綠頭鴨的鴨胸肉。
❷ 在平底鍋中融化奶油，將①的鴨皮朝下地放入鍋中。避免乾燥地用奶油澆淋鴨胸肉（arroser）邊香煎。
❸ 待②煎烤完成取出後，瀝乾油脂，兩面撒上鹽、胡椒靜置。
❹ 分切出一人份的大小。

銀杏

剝去銀杏的殼，以鹽水燙煮。剝除薄皮。

完成

❶ 在盤中盛放綠頭鴨，倒入綠頭鴨原汁。
❷ 搭配鹽漬綠橄欖（mission種）和銀杏，撒放以榛果油混拌的芽菜。
❸ 滴淋橄欖油（Taggiasca品種）。

> 綠頭鴨具有濃郁特別的野味，與橄欖的鹹度和榛果油的濃郁，碰撞出絕妙的平衡美味。

（→156頁）

肥肝
蜂斗菜
冰凍蜂斗菜

—

生井祐介
Ode

［製作方法］

香煎肥肝

❶ 肥肝切成1cm厚，撒上低筋麵粉。撒上鹽。

❷ 將①放入鐵氟龍加工的平底鍋內香煎。

洋蔥瓦片

❶ 以清高湯（全部省略解說）燉煮焦糖化洋蔥。

❷ 將①過濾，溶化蔬菜明膠。

❸ 將②倒入葉片模型中，以80℃烤箱加熱約1小時，成為糖飴狀的固體。

完成

❶ 切開的樹幹平面上擺放香煎肥肝和舀成橢圓形的冰凍蜂斗菜。

❷ 在香煎肥肝上擺放幾片洋蔥瓦片。

> 肥肝是現今的佳餚，但曾有一度不太被餐廳所使用。肥肝的甜美對應上蜂斗菜的微苦，恰好的搭配。

（→158頁）

兔肉／紅蘿蔔／大茴香
兔肉原汁

—

金山康弘
Hyatt Regency Hakone
Resort and Spa「Berce」

［製作方法］

派餅包覆油封兔肉

❶ 將兔肉的背肉和肩肉撒上鹽、胡椒、砂糖、百里香一起醃漬。以80℃的橄欖油製作油封兔肉。再切成1cm的塊狀。

❷ 兔肉的心臟和肝臟，與①同樣地醃漬後油封。切成1cm的塊狀。

❸ 肥肝切成1cm的塊狀，以平底鍋拌炒。

❹ 混合①、②、③，整形成為橢圓長形，放入冷藏室緊實材料。

❺ 用派餅皮（省略解說）包覆④，表面刷塗蛋液。放入230℃的烤箱烘烤約13分鐘。

紅蘿蔔泥

❶ 在鍋中放入切成扇形的紅蘿蔔和奶油，加入足以淹蓋食材的水分。蓋上鍋蓋以中火燉煮。

❷ 當①的水分蒸發，奶油分離時，加水再次煮至沸騰。

❸ 將②放入料理機內攪拌成泥狀。

完成

❶ 在盤中盛放兔肉派餅，倒入兔原汁。

❷ 佐以舀成橢圓形的紅蘿蔔泥，撒放大茴香籽、野茴香莖（fenouil sauvage）裝飾。

> 派餅包覆的兔肉，先以油封處理防止受熱不均，也更方便供餐作業的進行。

（→160頁）

烤足寄
Southdown品種
羔羊菲力
烏魚子和甘藍的奶油醬汁

—

荒井 昇
Hommage

［製作方法］

❶ 羔羊（北海道產的Southdown品種）的菲力，以鹽醃後放入烤箱烘烤。

❷ 將①分切成約1cm的厚度。

❸ 在容器內倒入烏魚子和甘藍的奶油醬汁。排放②，並以球芽甘藍、烏魚子薄片、迷你蕪菁薄片、金蓮花來裝飾。在球芽甘藍上澆淋上醬汁。

> 荒井先生購買了一頭稀少的北海道產羔羊使用。邊角肉製成絞肉、骨頭熬成羔羊原汁，完完全全不浪費地全部使用。

（→162頁）

“俄羅斯酸奶牛肉”
炸蔬菜的紅酒醬汁

—

高田裕介
La Cime

—

［製作方法］

❶ 薄切牛里脊肉，連同溫熱的香菇還原煮汁一起燉煮。
❷ 將①沾裹上炸蔬菜的紅酒醬汁後，盛盤。
❸ 用薄切蘿蔔片黏貼在②上。

本來牛肉是用高湯燉煮的”俄羅斯酸奶牛肉Stroganoff”，改以紅酒風味的醬汁和燉煮牛肉重現。炸蔬菜中釋放出的濃郁甘甜美味，更提升風味。

（→164頁）

碳烤蝦夷鹿
雞油蕈和鹽漬鮪魚泥

—

高田裕介
La Cime

—

［製作方法］

❶ 蝦夷鹿里脊肉用碳火燒烤。切成方便享用之厚度。
❷ 將直徑10cm的環形模擺放在盤中，盛放①，撒上鹽。佐以舀成橢圓形的雞油蕈（chanterelle）和鹽漬鮪魚泥。
❸ 在②散放略炒過的椎栗的果實和松子，再撒上磨削下的鹽漬鮪魚。取下環形模。

獵人送來蝦夷鹿的同時也送來了椎栗（Castanopsis sieboldii）的果實和松子，由此產生的聯想。想像雞油蕈生長的森林，並以此為意象地完成製作。

（→166頁）

鹿／牛蒡
鹿和牛蒡原汁

—

生井祐介
Ode

—

［製作方法］

烤蝦夷鹿

蝦夷鹿的里脊肉包捲蝦夷鹿脂，用300℃的烤箱加熱。翻面並烘烤至呈玫瑰色。

蝦夷鹿的香腸

❶ 蝦夷鹿的邊角碎肉製成絞肉。與蝦夷鹿的油脂、鹽、胡椒、鹿與牛蒡的原汁一起熬煮。
❷ 將①整形成姆指大的形狀，用豬脂網包捲，放至平底鍋中煎烤表面。
❸ 將②放入300℃的烤箱中，加熱至中間熟透。完成烘烤前插入月桂葉枝（需注意避免枝幹燒焦）。

黑牛蒡

❶ 混合巴薩米可醋和美乃滋（自製）。
❷ 在黑牛蒡*上刷塗①，貼上紅酢醬草的葉子。

＊黑牛蒡
與黑大蒜同樣的方法，在高溫高壓下，使其熟成的牛蒡。特徵是具有強烈甜味和美味。

完成

❶ 烤蝦夷鹿切成方便享用的大小，盛盤。撒上鹽。
❷ 搭配添加牛肝蕈的馬鈴薯泥（省略解說），並擺放蝦夷鹿的香腸。
❸ 倒入鹿與牛蒡的原汁，佐以黑牛蒡。

蝦夷鹿的肉質纖細，很容易烹煮過度。所以在清理鹿肉時，用油脂包捲鹿肉加以保護，再仔細地確實加熱。

（→168頁）

蝦夷鹿／甜菜／西洋梨
甜菜原汁

—

金山康弘
Hyatt Regency Hakone
Resort and Spa「Berce」

—

［製作方法］

烤蝦夷鹿

❶ 清理蝦夷鹿（雌鹿、3歲）帶骨的里脊肉，用平底鍋煎出烤色。

❷ 在清理①時，清出的油脂舖放在烤盤上，擺放①，放入230℃的烤箱，翻面烤至呈玫瑰色。

❸ 在②的表面，以平底鍋煎烤，切分出一隻帶骨的鹿肉里脊。

洋梨

洋梨切成半月形，撒上橄欖油。

長莖芥藍

長莖芥藍放入平底鍋香煎，撒上鹽。

完成

❶ 將烤蝦夷鹿盛盤，撒上鹽。倒入甜菜原汁。

❷ 搭配洋梨和長莖芥藍。洋梨佐以紅酒醋混合黃芥末籽醬，撒上磨削的東加豆。

> 略為烘烤帶血顏色鮮艷的蝦夷鹿，用紅酒醋、黃芥末、東加豆等各式各樣的香氣來烘托其纖細的風味。

荒井 昇
Hommage

雞高湯

—

[材料]
全雞（村越鬥雞）…3kg
昆布水…6L

＊昆布水
浸泡昆布一夜的水

[製作方法]
❶ 容器中放入全雞（村越鬥雞）和昆布水。蓋上蓋子放入85℃的蒸氣旋風烤箱加熱8小時。直接放至冷卻。
❷ 過濾①，移至鍋中，加熱。邊撈除浮渣邊熬煮濃縮至成為2/3量。

> 荒井先生的基本高湯，不只是雞骨架而是使用整隻全雞，呈現豐饒的風味。

雞基本高湯
（fond de volaille）

—

[材料]
雞骨架（村越鬥雞）…3kg
水…6L
紅蘿蔔…1根
洋蔥…1顆
西洋芹…3枝
番茄碎…80g
月桂葉…1片
百里香（乾燥）…2枝
白胡椒粒…適量

[製作方法]
❶ 容器中放入雞骨架（村越鬥雞）和水。放入切成大塊的紅蘿蔔、洋蔥、西洋芹、番茄碎、月桂葉、百里香（乾燥）、白胡椒粒。蓋上蓋子放入85℃的蒸氣旋風烤箱加熱8小時。直接放至冷卻。
❷ 翌日，過濾①移至鍋中，加熱。熬煮液體濃縮為1L為止。

> 熬煮濃縮至透明狀之前的雞骨架高湯，用於想要呈現小牛基本高湯般濃郁的時候。

螯蝦原汁
（jus de langoustine）

—

[材料]
螯蝦殼…1kg
紅蘿蔔…200g
洋蔥…100g
西洋芹…100g
百里香（新鮮）…2枝
大蒜…1片
干邑白蘭地、白酒…各適量
水…2L
番茄碎…50g
米糠油…適量

[製作方法]
❶ 在直筒圓鍋中加熱米糠油，拌炒切成適當大小的螯蝦殼。加入切成薄片的紅蘿蔔、洋蔥、西洋芹、百里香、大蒜，拌炒。
❷ 在①當中加入干邑白蘭地揮發酒精，加入白酒。倒入水煮至沸騰。
❸ 在②當中加入番茄碎，熬煮30分鐘。過濾熬煮濃縮至濃稠狀。

> 用新鮮的螯蝦製作的甲殼類高湯。也可以用龍蝦殼製作。

金山康弘
Hyatt Regency Hakone Resort and Spa「Berce」

鴿原汁
（jus de pigeon）

—

［材料］
鴿骨架…500g
紅蔥頭…60g
大蒜…1片
基本雞高湯…750cc
水…750cc
月桂葉…1片
米糠油…適量

［製作方法］
❶ 鴿骨架用菜刀敲破切開，以加熱
　米糠油的平底鍋拌炒。
❷ 在①中加入切成薄片的紅蔥頭和
　大蒜，拌炒，加入基本雞高湯和
　水。待沸騰後加入月桂葉，再煮
　30分鐘。
❸ 過濾②至鍋中，熬煮濃縮至味道
　釋放出來。

［ 搭配鴿料理的原汁。也可以用
　鴨或鹿來製作。 ］

螯蝦高湯
（fumet de langoustine）

—

［材料］
螯蝦腳…400g
白酒…100cc
水…600cc

［製作方法］
❶ 螯蝦腳切成適當的大小，放入
　170℃的烤箱烘烤20分鐘。
❷ 將①、白酒、水放入鍋中，熬30
　分鐘左右。過濾。

［ 使用的是神奈川縣產、靜岡縣
　產的新鮮螯蝦製作的甲殼類高
　湯，也可運用在龍蝦料理上。 ］

蔬菜高湯
（bouillon de legumes）

—

［材料］
韮蔥…30g
紅蘿蔔…70g
洋蔥…50g
茴香…30g
西洋芹…60g
水…700g
鹽…1小撮

［製作方法］
❶ 所有的蔬菜類都切成極薄的片
　狀，連同水一起放入鍋中加熱。
❷ 待①煮至沸騰後，以小火熬煮30
　分鐘，用鹽調味。過濾。

［ 可作為蔬菜料理或貝類料理的
　基底，使用範圍廣泛。 ］

高田裕介
La Cime

雞高湯

[材料]
雞骨架…3kg
老母雞…半隻
水…7L
岩鹽…少量
冰塊…適量
洋蔥…250g
紅蘿蔔…100g
西洋芹…50g
韭蔥（綠色部分）…適量
大蒜…50g
香草束（bouquet garni）…1束

[製作方法]
❶ 雞骨架以水（用量外）浸泡，洗淨血水。
❷ 除去雞內臟、屁股的油脂，以流動的水充分清洗內臟。
❸ 將②放入直筒圓鍋中，倒入水分，撒放岩鹽，以大火加熱。
❹ 在沸騰前加入冰塊降低溫度，邊加熱邊仔細撈除浮渣。
❺ 在④當中，加入對半切開的洋蔥、對切的紅蘿蔔、切成大塊的西洋芹、韭蔥、大蒜、香草束。保持鍋中對流狀態地以小火熬煮2～3小時。
❻ 用圓錐形網篩過濾。

> 在La Cime店內使用最廣泛的高湯，雞骨架使用老母雞可以更加釋放出風味。也可以作為其他高湯或原汁的基底使用，並活用在搭配燉煮肉類等。

白色小牛基本高湯
（fond blanc de veau）

[材料]
小牛骨…6kg
小牛腳…1隻
水…12L
岩鹽…少量
冰塊…適量
洋蔥…500g
紅蘿蔔…200g
西洋芹…100g
大蒜…2個
香草束（bouquet garni）…1束

[製作方法]
❶ 小牛骨和小牛腳以水（用量外）浸泡，洗淨血水。
❷ 在直筒圓鍋放入①，加入水、撒放岩鹽，以大火加熱。
❸ 在沸騰前加入冰塊降低溫度，邊加熱邊仔細撈除浮渣。
❹ 在③當中，加入對半切開的洋蔥、劃切開的紅蘿蔔、切成大塊的西洋芹、對切的大蒜、香草束。保持鍋中液體對流狀態地熬煮7小時。
❺ 用圓錐形網篩過濾。

> 用小牛骨和腳熬煮出來富有膠質的高湯，可以用作湯品的基底，也可用水稀釋運用在蔬菜料理的烹調上。

蔬菜高湯
（bouillon de legumes）

[材料]
紅蘿蔔…250g
洋蔥…400g
西洋芹…150g
蔬菜片…適量
香草莖…適量
月桂葉…1片
水…5L

[製作方法]
❶ 紅蘿蔔、洋蔥、西洋芹分別切成薄片。
❷ 在鍋中放入水分煮至沸騰，加入所有的材料。用小火熬煮2小時後，過濾。

> 蔬菜高湯，除了能像動物高湯般「New Basic Stock」（162頁）的運用之外，還可以用作蔬菜料理的煮汁等，是一款可作為基底的常備高湯。

生井祐介
Ode

208 — 209 | 食譜配方 | 高湯

豬高湯
—

[材料]
豬腱肉…5Kg
岩鹽、水…各適量

[製作方法]
❶ 用水洗淨豬腱肉。
❷ 豬腱肉用鹽沾裹，放入冷藏室鹽漬一週。
❸ 用流動的水沖洗約1小時洗去鹽分，燙煮一次。
❹ 在直筒圓鍋中放入③和水，熬煮濃縮至味道釋出約加熱3～4小時。以圓錐形網篩過濾。

> 鹽漬豬腱肉熬煮出的高湯，除了美味、鹹度，還具有豐富膠質的高湯。味道單純風味強烈，多搭配於像這次的「短爪章魚和山椒嫩芽」般，重口味的料理上。

雞基本高湯
（fond de volaille）
—

[材料]
雞骨架（川俁鬥雞）…5kg
水…足以浸泡雞骨架的量
紅蘿蔔…2根
洋蔥（帶皮）…3顆
西洋芹…3枝
黑胡椒粒、丁香、月桂葉、
百里香…各適量

[製作方法]
❶ 在直筒圓鍋中放入雞骨架和水。煮至沸騰後撈除浮渣。浮渣都清除後，大動作混拌並轉為小火。
❷ 邊注意避免①沸騰邊熬煮1.5～2小時。
❸ 將切成大塊的紅蘿蔔、對半切開的洋蔥、西洋芹、黑胡椒粒、丁香加入②，熬煮30分鐘～1小時。
❹ 在③當中放入月桂葉和百里香，立刻過濾。

> 生井先生的基本高湯。為了避免釋出其甜度，使用最低限度的蔬菜。

魚高湯
（fumet de poisson）
—

[材料]
鯛魚的魚骨魚雜…10kg
水…20L
日本酒…250cc
昆布…1根
洋蔥…1個
西洋芹…2根
薑、白胡椒粒…各適量

[製作方法]
❶ 鯛魚的魚骨魚雜以流動的水清洗。
❷ 在直筒圓鍋中放入①、水、日本酒、昆布，加熱。煮至沸騰後撈除浮渣。保持微沸騰的溫度約煮1小時。
❸ 放入橫向對切的洋蔥、切成薄片的西洋芹、薑片、白胡椒粒，煮約30～40分鐘。過濾。

> 只要是白肉魚的魚骨魚雜，都可以廣泛地被運用。現在日本築地業者們引進使用的是鯛魚的魚骨和魚雜。

目黑浩太郎
Abysse

小牛基本高湯
（fond de veau）

—

［材料］
牛骨…10kg
牛腱…5kg
大蒜…1個
洋蔥…5個
紅蘿蔔…3根
西洋芹…4枝
番茄糊…50g
紅酒…少量
平葉巴西利莖、月桂葉、
黑胡椒粒…適量
水…20L

［製作方法］
❶ 牛骨和牛腱放烤盤上，以250℃
烘烤至產生焦色地確實烘烤。
❷ 在鍋中加熱橄欖油，拌炒壓碎的
大蒜。待散發香氣後，加入切成
小塊的洋蔥、紅蘿蔔、西洋芹。
加入番茄糊和少量紅酒，確實
拌炒。
❸ 在直筒圓鍋放入①和②，加入水
分加熱。放入紅酒、平葉巴西利
莖、月桂葉、黑胡椒粒，保持略
微沸騰的溫度熬煮。撈除浮渣，
水分不足時再補足水分。加熱約
2小時，至產生某個程度的濃稠
時，過濾。
❹ 將③移至鍋中，補足水分（用量
外）繼續熬煮。待產生濃度後過
濾。大約重覆這個作業2～3次。

┌─────────────────────┐
│ 可運用在想要使醬汁產生稠濃 │
│ 時。熬煮作業重覆進行，可以 │
│ 讓風味更加鮮明，成為更美味 │
│ 的高湯。 │
└─────────────────────┘

雞高湯
（Bouillon de Poulet）

—

［材料］
雄雞（長爪雞）（1隻分切成8等分）
…2隻
水…適量

［製作方法］
❶ 在鍋中放入1隻雞的用量，倒入
足夠淹蓋雞塊的水分。以85℃加
熱12小時，過程中不煮至沸騰地
當水分減少時，即補足水分。
❷ 在鍋中放入①和另一隻雞，再次
加入水分，繼續以85℃加熱12小
時。過濾。

┌─────────────────────┐
│ 這是如清湯般濃郁清澄的高 │
│ 湯，經常用於補強湯品的美味 │
│ 或提味。 │
└─────────────────────┘

雞原汁
（jus de Poulet）

—

［材料］
雄雞（長爪雞）（切成3cm大小的塊
狀）…2kg
奶油…100g
洋蔥…2個
大蒜…3片
白色雞高湯（fond blanc）…2L
米糠油…適量

［製作方法］
❶ 在陶鍋（casserole）中放入米糠
油加熱，加進雞肉炒至散發香
氣，呈現烤色。
❷ 加入奶油、洋蔥、大蒜拌炒。
❸ 當②的奶油呈白色後，加入白色雞
高湯，熬煮30分鐘。過濾。
❹ 將③移至鍋中，熬煮濃縮至味道
釋出後，加鹽調味。

┌─────────────────────┐
│ 不使用在肉類料理，目黑先生 │
│ 是用在魚貝類套餐料理時， │
│ 作為「肉類重要元素」地添加 │
│ 使用。 │
└─────────────────────┘

白色雞高湯
（fond blanc）

—

［材料］
雞骨…5kg
水…5L

［製作方法］
❶ 在直筒圓鍋中放入清理後的雞骨
和水，加熱。
❷ 煮沸後，邊撈除浮渣邊熬煮4小
時。過濾。

> 在製作雞原汁或魚高湯時，取
> 代水分使用。

魚高湯
（fumet de poisson）

—

［材料］
鯛魚的中骨…5隻
昆布…10g
水…1L

［製作方法］
❶ 清潔中骨，撒上鹽，靜置10分鐘。
❷ 用熱水汆燙①的表面（霜降）。浸
泡在水中清洗血汙部分。
❸ 將②、昆布、水一起放入鍋中加
熱。沸騰後，邊撈取浮渣邊以小
火熬煮45分鐘。

> 過度沸騰時，會造成高湯的混
> 濁和腥味，所以必須保持微微
> 沸騰狀態。

調味蔬菜高湯
（court-bouillon）

—

［材料］
水…500cc
紅蘿蔔…100g
洋蔥…100g
西洋芹…100g
茴香頭…50g
檸檬百里香…適量

［製作方法］
❶ 加熱鍋中的水至沸騰。待沸騰
後，放入切得極薄的紅蘿蔔、洋
蔥、西洋芹、茴香頭。保持微微
沸騰之狀態，邊撈除浮渣邊熬煮
15分鐘。
❷ 在①當中放入檸檬百里香，熄
火。蓋上鍋蓋靜置5分鐘。過濾。

> 以大火煮蔬菜時，會造成高湯
> 的混濁，所以必須注意火力的
> 大小。

EASY COOK

SAUCE 法式料理的新醬汁

作者　荒井 昇／金山康弘／高田裕介／生井祐介／目黑浩太郎

翻譯　胡家齊

出版者／大境文化事業有限公司　T.K. Publishing Co.

發行人　趙天德

總編輯　車東蔚

文案編輯　編輯部

美術編輯　R.C. Work Shop

台北市雨聲街77號1樓

TEL：（02）2838-7996　　FAX：（02）2836-0028

法律顧問　劉陽明律師　名陽法律事務所

初版日期　2019年2月

定價　新台幣600元

ISBN-13：9789869620550　　書　號　E113

讀者專線　（02）2836-0069

www.ecook.com.tw

E-mail　service@ecook.com.tw

劃撥帳號　19260956 大境文化事業有限公司

SAUCE 法式料理的新醬汁

荒井 昇／金山康弘／高田裕介／
生井祐介／目黑浩太郎 著

初版. 臺北市：大境文化，2019　216面；19×26公分.
----（EASY COOK系列；113）

ISBN-13：9789869620550

1.食譜　2.烹飪　3.法國　　427.12　　107023500

攝影／鈴木陽介(Erz)
藝術設計／吉澤俊樹(ink in inc)
編輯／丸田祐